青少年科技创新丛书

Java
与乐高机器人

郑剑春 魏晓晖 著

清华大学出版社
北 京

内 容 简 介

乐高机器人是乐高公司推出的一款新产品,它包括一套用于搭建物理结构的零件库和一个控制行为动作的大脑。通过在计算机上编写程序并上传至机器人的大脑,就可以打造一个实现某项功能的智能机器人。

本书介绍的是一门操控乐高机器人的语言——leJOS。它源自于软件界大名鼎鼎的 Java 语言,并对机器人控制部分进行了封装和优化。本书从 Java 编程的基础知识讲起,循序渐进地介绍了数据类型、变量、运算符、循环语句等内容。在此基础上,进一步介绍了机器人编程需要用到的各类知识,如 LCD类、Motor 类、传感器类等。对这些类中的方法、属性等进行了详细的讲解,并将 Java 编程的基础知识运用到相关示例中。在本书的后半部分,重点介绍了多线程、通信、智能手机开发等高级知识。掌握了上面这些内容,也就掌握了 leJOS 编程的核心。建议读者在阅读时,边阅读边实践,逐章逐节地掌握每个知识点,在实践中灵活运用,以加深理解。

本书适合机器人爱好者和编程爱好者阅读。已经投入到智能机器人比赛项目中的青少年及指导教师可以以本书作为参考,学习使用 Java 语言为机器人设计控制程序。

图书在版编目(CIP)数据

Java 与乐高机器人/郑剑春,魏晓晖著.—北京:清华大学出版社,2014(2019.6 重印)
(青少年科技创新丛书)
ISBN 978-7-302-35745-2

Ⅰ.①J… Ⅱ.①郑… ②魏… Ⅲ.①智能机器人-JAVA 语言-程序设计-青少年读物
Ⅳ.①TP242.6-49 ②TP312-49

中国版本图书馆 CIP 数据核字(2014)第 060833 号

责任编辑:帅志清
封面设计:刘　莹
责任校对:刘　静
责任印制:宋　林

出版发行:清华大学出版社
　　　　网　　　址:http://www.tup.com.cn,http://www.wqbook.com
　　　　地　　　址:北京清华大学学研大厦 A 座　　　　邮　　编:100084
　　　　社 总 机:010-62770175　　　　　　　　　　　邮　　购:010-62786544
　　　　投稿与读者服务:010-62776969,c-service@tup.tsinghua.edu.cn
　　　　质量反馈:010-62772015,zhiliang@tup.tsinghua.edu.cn
印　装　者:山东润声印务有限公司
经　　　销:全国新华书店
开　　　本:185mm×260mm　　　印　　张:18　　　字　　数:408 千字
版　　　次:2014 年 6 月第 1 版　　　　　　　　印　　次:2019 年 6 月第 2 次印刷
定　　　价:76.00 元

产品编号:051077-02

序 （1）

吹响信息科学技术基础教育改革的号角

（一）

信息科学技术是信息时代的标志性科学技术。 信息科学技术在社会各个活动领域广泛而深入的应用，就是人们所熟知的信息化。 信息化是 21 世纪最为重要的时代特征。 作为信息时代的必然要求，它的经济、政治、文化、民生和安全都要接受信息化的洗礼。 因此，生活在信息时代的人们应当具备信息科学的基本知识和应用信息技术的基础能力。

理论和实践表明，信息时代是一个优胜劣汰、激烈竞争的时代。 谁先掌握了信息科学技术，谁就可能在激烈的竞争中赢得制胜的先机。 因此，对于一个国家来说，信息科学技术教育的成败优劣，就成为关系国家兴衰和民族存亡的根本所在。

同其他学科的教育一样，信息科学技术的教育也包含基础教育和高等教育两个相互联系、相互作用、相辅相成的阶段。 少年强则国强，少年智则国智。 因此，信息科学技术的基础教育不仅具有基础性意义，而且具有全局性意义。

（二）

为了搞好信息科学技术的基础教育，首先需要明确：什么是信息科学技术？ 信息科学技术在整个科学技术体系中处于什么地位？ 在此基础上，明确：什么是基础教育阶段应当掌握的信息科学技术？

众所周知，人类一切活动的目的归根结底就是要通过认识世界和改造世界，不断地改善自身的生存环境和发展条件。 为了认识世界，就必须获得世界（具体表现为外部世界存在的各种事物和问题）的信息，并把这些信息通过处理提炼成为相应的知识；为了改造世界（表现为变革各种具体的事物和解决各种具体的问题），就必须根据改善生存环境和发展条件的目的，利用所获得的信息和知识，制定能够解决问题的策略并把策略转换为可以实践的行为，通过行为解决问题、达到目的。

可见，在人类认识世界和改造世界的活动中，不断改善人类生存环境和发展条件这个目的是根本的出发点与归宿，获得信息是实现这个目的的基础和前提，处理信息、提炼知识和制定策略是实现目的的关键与核心，而把策略转换成行为则是解决问题、实现目的的最终手段。 不难明白，认识世界所需要的知识、改造世界所需要的策略以及执行策略的行为是由信息加工分别提炼出来的产物。 于是，确定目的、获得信息、处理信息、提炼知识、制定策略、执行策略、解决问题、实现目的，就自然地成为信息科学

技术的基本任务。

这样，信息科学技术的基本内涵就应当包括：①信息的概念和理论；②信息的地位和作用，包括信息资源与物质资源的关系以及信息资源与人类社会的关系；③信息运动的基本规律与原理，包括获得信息、传递信息、处理信息、提炼知识、制定策略、生成行为、解决问题、实现目的的规律和原理；④利用上述规律构造认识世界和改造世界所需要的各种信息工具的原理和方法；⑤信息科学技术特有的方法论。

鉴于信息科学技术在人类认识世界和改造世界活动中所扮演的主导角色，同时鉴于信息资源在人类认识世界和改造世界活动中所处的基础地位，信息科学技术在整个科学技术体系中显然应当处于主导与基础双重地位。信息科学技术与物质科学技术的关系，可以表现为信息科学工具与物质科学工具之间的关系：一方面，信息科学工具与物质科学工具同样都是人类认识世界和改造世界的基本工具；另一方面，信息科学工具又驾驭物质科学工具。

参照信息科学技术的基本内涵，信息科学技术基础教育的内容可以归结为：①信息的基本概念；②信息的基本作用；③信息运动规律的基本概念和可能的实现方法；④构造各种简单信息工具的可能方法；⑤信息工具在日常活动中的典型应用。

（三）

与信息科学技术基础教育内容同样重要甚至更为重要的问题是要研究：怎样才能使中小学生真正喜爱并能够掌握基础信息科学技术？其实，这就是如何认识和实践信息科学技术基础教育的基本规律的问题。

信息科学技术基础教育的基本规律有很丰富的内容，其中有两个重要问题：一是如何理解中小学生的一般认知规律，二是如何理解信息科学技术知识特有的认知规律和相应能力的形成规律。

在人类（包括中小学生）一般的认知规律中，有两个普遍的共识：一是"兴趣决定取舍"，二是"方法决定成败"。前者表明，一个人如果对某种活动有了浓厚的兴趣和好奇心，就会主动、积极地探寻奥秘；如果没有兴趣，就会放弃或者消极应付。后者表明，即使有了浓厚的兴趣，如果方法不恰当，最终也会导致失败。所以，为了成功地培育人才，激发浓厚的兴趣和启示良好的方法都非常重要。

小学教育处于由学前的非正规、非系统教育转为正规的系统教育的阶段，原则上属于启蒙教育。在这个阶段，调动兴趣和激发好奇心理更加重要。中学教育的基本要求同样是要不断调动学生的学习兴趣和激发他们的好奇心理，但是这一阶段越来越重要的任务是要培养他们的科学思维方法。

与物质科学技术学科相比，信息科学技术学科的特点是比较抽象、比较新颖。因此，信息科学技术的基础教育还要特别重视人类认识活动的另一个重要规律：人们的认识过程通常是由个别上升到一般，由直观上升到抽象，由简单上升到复杂。所以，从个别的、简单的、直观的学习内容开始，经过量变到质变的飞跃和升华，才能掌握一般的、抽象的、复杂的学习内容。其中，亲身实践是实现由直观到抽象过程的良好途径。

综合以上几方面的认知规律，小学的教育应当从个别的、简单的、直观的、实际的、有趣的学习内容开始，循序渐进，由此及彼，由表及里，由浅入深，边做边学，由低年级到高年级，由小学到中学，由初中到高中，逐步向一般的、抽象的、复杂的学习内容过渡。

（四）

我们欣喜地看到，在信息化需求的推动下，信息科学技术的基础教育已在我国众多的中小学校试行多年。感谢全国各中小学校的领导和教师的重视，特别感谢广大一线教师们坚持不懈的努力，克服了各种困难，展开了积极的探索，使我国信息科学技术的基础教育在摸索中不断前进，取得了不少可喜的成绩。

由于信息科学技术本身还在迅速发展，人们对它的认识还在不断深化。由于"重书本"、"重灌输"等传统教育思想和教学方法的影响，学生学习的主动性、积极性尚未得到充分发挥，加上部分学校的教学师资、教学设施和条件还不够充足，教学效果尚不能令人满意。总之，我国信息科学技术基础教育存在不少问题，亟须研究和解决。

针对这种情况，在教育部基础司的领导下，我国从事信息科学技术基础教育与研究的广大教育工作者正在积极探索解决这些问题的有效途径。与此同时，北京、上海、广东、浙江等省市的部分教师也在自下而上地联合起来，共同交流和梳理信息科学技术基础教育的知识体系与知识要点，编写新的教材。所有这些努力，都取得了积极的进展。

《青少年科技创新丛书》是这些努力的一个组成部分，也是这些努力的一个代表性成果。丛书的作者们是一批来自国内外大中学校的教师和教育产品创作者，他们怀着"让学生获得最好教育"的美好理想，本着"实践出兴趣，实践出真知，实践出才干"的清晰信念，利用国内外最新的信息科技资源和工具，精心编撰了这套重在培养学生动手能力与创新技能的丛书，希望为我国信息科学技术基础教育提供可资选用的教材和参考书，同时也为学生的科技活动提供可用的资源、工具和方法，以期激励学生学习信息科学技术的兴趣，启发他们创新的灵感。这套丛书突出体现了让学生动手和"做中学"的教学特点，而且大部分内容都是作者们所在学校开发的课程，经过了教学实践的检验，具有良好的效果。其中，也有引进的国外优秀课程，可以让学生直接接触世界先进的教育资源。

笔者看到，这套丛书给我国信息科学技术基础教育吹进了一股清风，开创了新的思路和风格。但愿这套丛书的出版成为一个号角，希望在它的鼓动下，有更多的志士仁人关注我国的信息科学技术基础教育的改革，提供更多优秀的作品和教学参考书，开创百花齐放、异彩纷呈的局面，为提高我国的信息科学技术基础教育水平作出更多、更好的贡献。

钟义信

2013 年冬于北京

序 （2）

探索的动力来自对所学内容的兴趣，这是古今中外之共识。 正如爱因斯坦所说：一个贪婪的狮子，如果被人们强迫不断进食，也会失去对食物贪婪的本性。 学习本应源于天性，而不是强迫地灌输。 但是，当我们环顾目前教育的现状，却深感沮丧与悲哀：学生太累，压力太大，以至于使他们失去了对周围探索的兴趣。 在很多学生的眼中，已经看不到对学习的渴望，他们无法享受学习带来的乐趣。

在传统的教育方式下，通常由教师设计各种实验让学生进行验证，这种方式与科学发现的过程相违背。 那种从概念、公式、定理以及脱离实际的抽象符号中学习的过程，极易导致学生机械地记忆科学知识，不利于培养学生的科学兴趣、科学精神、科学技能，以及运用科学知识解决实际问题的能力，不能满足学生自身发展的需要和社会发展对创新人才的需求。

美国教育家杜威指出：成年人的认识成果是儿童学习的终点。 儿童学习的起点是经验，"学与做相结合的教育将会取代传授他人学问的被动的教育"。 如何开发学生潜在的创造力，使他们对世界充满好奇心，充满探索的愿望，是每一位教师都应该思考的问题，也是教育可以获得成功的关键。 令人感到欣慰的是，新技术的发展使这一切成为可能。 如今，我们正处在科技日新月异的时代，新产品、新技术不仅改变我们的生活，而且让我们的视野与前人迥然不同。 我们可以有更多的途径接触新的信息、新的材料，同时在工作中也易于获得新的工具和方法，这正是当今时代有别于其他时代的特征。

当今时代，学生获得新知识的来源已经不再局限于书本，他们每天面对大量的信息，这些信息可以来自网络，也可以来自生活的各个方面：手机、iPad、智能玩具等。新材料、新工具和新技术已经渗透到学生的生活之中，这也为教育提供了新的机遇与挑战。

将新的材料、工具和方法介绍给学生，不仅可以改变传统的教育内容与教育方式，而且将为学生提供一个实现创新梦想的舞台，教师在教学中可以更好地观察和了解学生的爱好、个性特点，更好地引导他们，更深入地挖掘他们的潜力，使他们具有更为广阔的视野、能力和责任。

本套丛书的作者大多是来自著名大学、著名中学的教师和教育产品的科研人员，他们在多年的实践中积累了丰富的经验，并在教学中形成了相关的课程，共同的理想让我们走到了一起，"让学生获得最好的教育"是我们共同的愿望。

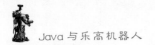

本套丛书可以作为各校选修课程或必修课程的教材，同时也希望借此为学生提供一些科技创新的材料、工具和方法，让学生通过本套丛书获得对科技的兴趣，产生创新与发明的动力。

丛书编委会

2013 年 10 月 8 日

前 言

当我刚刚接触乐高机器人的时候，马上就被它深深地吸引住了。原因很简单，它能动，听指挥，是一个优秀的创作平台。

按照网络上的图纸，我很快就制作出了几个机器人的模型。但是如何处理机器人的核心部分——控制程序，却一时没有头绪。如何让机器人像人类一样"思考"呢？为了达到这个目的，我先后尝试了多种编程语言，直到使用 leJOS 之后，终于发现，这正是我想要的。leJOS 是基于标准的 Java 语言，它很强大，同时又十分小巧，可以提供给乐高爱好者无限的创作空间。对于像我这样从事软件开发工作多年的人来讲，只要经过简单的学习，马上就可以上手开发程序。而对于编程知识了解不多的读者，现在有了一个学习 Java 编程的好机会。只要几行代码，就可以指挥机器人动起来，这种"学以致用"的方式会极大地激发读者的学习热情。同时，leJOS 又在乐高机器人和真正的工业机器人之间架起了一座桥梁，为读者的未来提供了更多的选择方向。下面，就开始踏上我们的学习之路吧！

本书的内容主要分为以下几个部分。

第 1、2 章，从乐高的基础知识讲起，先带领大家全面认识乐高机器人 NXT 8547。

第 3、4 章，介绍乐高的编程环境。乐高公司提供了 NXT-G 语言来为乐高机器人设计程序。这是一门图形化的编程语言，用户通过拖放图形达到编写程序的目的，而不用直接书写代码。这样的编程方式虽然直观，但是遇到过于复杂的逻辑，仅仅依靠图形总会感到难以表达清楚自己的思路。本书介绍的是现今软件行业极为流行的一门编程语言——Java。它是最近十几年开始兴起的一门面向对象的编程语言。Java 有一个专用于乐高 NXT 开发的工具包，就是前面提到的 leJOS。本书的主要内容就是向读者介绍 Java 和 leJOS 的编程方法。

第 5 章讲述的是编程的基础知识。如果本书的读者以前学习过一门编程语言，如 C 或 VB，那么学习这一章的内容会十分轻松。没有基础的读者也不用担心，本书使用 Java 作为载体，简单、明快地讲解了类型、变量、循环语句这些概念，这些知识用作乐高机器人开发已经足够了。

第 6、7 章讲解乐高机器人程序设计。本书本着循序渐进的原则，依次讲解了屏幕输出、电动机控制、传感器编程等几部分内容，并对每个对象的操作方法一一阐述。结合书中例题，力求做到内容翔实、用例准确、深入浅出、易学易用。

第 8 章向读者介绍了编程中较为高级的技巧——线程与监听。运用多线程知识，

乐高机器人可以在捕获外界物理量变化的同时及时做出反馈。 这部分内容可以使简单的程序更加精炼，同时也是开发复杂程序必不可少的知识。

第 9 章是对前面各章节知识的一个综合运用。 通过 5 个小例子，带领大家一边思考一边动手，分析编程思路，梳理知识点，最终完成代码的编写。

第 10、11 章的内容涉及远程控制和智能手机。 乐高机器人的连接方式有 USB 和蓝牙两种，远程控制分为 PC 控制机器人、机器人控制机器人和手机控制机器人。 现在安卓智能手机的使用已经十分普遍，本书利用安卓手机上的重力感应器编写了一个控制程序，遥控乐高小车做出前进、后退等动作。

第 12 章作为扩展阅读，主要向读者介绍 leJOS 提供的图形化工具的使用方法。 此外，初学编程的读者，经常会遇到语法知识已经掌握了几分，但却不知从何入手编写程序这个难题。 在 12.5 节告诉读者如何查看 leJOS 提供的示例代码，认真阅读之后会有所帮助。

因为本人所学有限，书中难免存在疏漏和不足，欢迎读者朋友批评指正，我将十分感谢并及时发布勘误信息。 我的邮箱是：wxh1907@ sina.com。 在我的博客 http://blog.sina.com.cn/u/1014509487 可以下载到本书的全部代码。

崔世杰、张巍、李梦军、刘玉田、李甫成、赵亮等老师参加了本书部分章节的编写工作，并在技术与材料上提供了支持，在此向他们表示衷心的感谢同。 最后，对正在阅读本书的读者表示由衷的感谢！ 希望本书能给您带来快乐和收获！

魏晓晖

2013 年 11 月 10 日

目　录

第1章 认识乐高机器人

本章首先向读者介绍乐高公司的历史以及乐高机器人的发展历史。无论是乐高玩具还是乐高机器人,它们都是由一个一个的零件拼插而成的。在本章1.2节对这些乐高的零件进行了分类汇总,并详细说明了每个零件的作用。最后是对乐高机器人结构的介绍。正确的结构可以使机器人更加坚固、牢靠,是机器人能够自由行动的物理保障。

1.1 乐高简介

1.1.1 乐高公司简介

乐高公司诞生于丹麦,它的发明者是奥勒·基奥克。最初,基奥克使用木头制作玩具并销售。后来,他设计出了一种木质的拼插玩具,这就是最初的乐高玩具原型。1934年,他为自己的积木玩具设计了"乐高"商标,从此,LEGO这个名词开始逐渐被人们所熟知。

乐高产品种类很多,目前市场上可以买得到的主要有以下几个大的系列。

(1)城市系列。

(2)城堡系列。

(3)电影系列。

(4)科技系列。

(5)机器人系列。

城市、城堡系列是以乐高积木表现一个场景(见图1-1)。这些场景使用的积木块大部分比较简单,适合大家发挥想象力和创造力,自行设计搭建大型的建筑设施。

图 1-1 城市系列

电影系列又分为不同的主题,每个主题包含一些特殊的人物造型和场景。例如,星战主题有电影中的著名飞船——千年隼号,哈利波特主题有主角哈利波特、赫敏等。此外,还有钢铁侠、蝙蝠侠等许多家喻户晓的角色,如图1-2所示。

图 1-2　乐高电影系列——哈利波特、钢铁侠

在这些玩具中,科技系列和机器人系列与其他产品有着明显的区别。乐高放弃了经典的颗粒状拼插结构,并用细长的带孔的连接杆和精巧的栓取而代之。这一变化的意义在于,乐高积木搭建的作品不再只是静态的和无法活动的。从科技系列开始,乐高玩具可以模拟生活中的许多机器,如挖掘车、越野车等(见图1-3)。经过改革的乐高零件赋予了这些机器以生命力。靠着传动装置和齿轮,科技系列的产品可以像现实世界中的机器一样运转和工作。

图 1-3　乐高科技系列——挖掘机、越野车

显然,乐高公司认为仅仅有听人指挥的机械是不够的。客户更想要的是能够在无人干预的情况下自由行动的装置。它应该配备独立的动力系统支持它的活动。它还应该具备一定"智能",可以根据外界情况自行判断下一步该做什么。于是,乐高机器人问世了(见图1-4)。

图 1-4　乐高机器人

1.1.2　乐高机器人系列

1. 第一代机器人——RCX

乐高公司在 1998 年正式推出第一代机器人产品——RCX(见图 1-5)。它具有 3 个输入端口和 3 个输出端口,可以同时连接 3 个传感设备和 3 个输出设备。它的核心控制器是一个被称为 Brick(砖,这一名词被沿用了下来)的微型计算机,通过计算机可以对传感器采集到的数据进行处理,然后向输出设备如电动机,发出设计好的指令。这里的指令是指在计算机上编写好的一段程序代码,用户可以通过红外线将程序下载到 Brick 中运行。第一代机器人使用的编程语言是 RoboLab,这是一种图形化的语言,RCX 的"砖"提供了 10KB 的存储空间用于存放编写好的程序。这是乐高公司在机器人领域的第一次尝试,结果是获得了强烈的市场反应。不仅是小朋友和学生对其着迷,更有许多成年人也被这个能跑能动的小家伙深深吸引。一些专业的传感器厂商开始为乐高机器人生产兼容的传感器硬件。软件企业也不甘落后,纷纷投身进来,提供自家

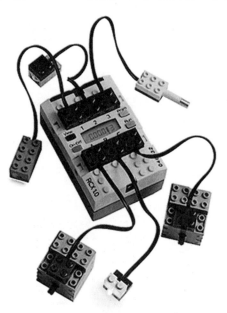

图 1-5　第一代机器人 RCX

的编程语言用于开发机器人程序。这为以后的 NXT 机器人问世打下了良好的基础。乐高公司于 2000 年发布 RCX 2.0 版本之后就停止了对它的更新,现在市场上已经很难买到这款产品了。

2. 第二代机器人——NXT

2006 年,乐高公司推出了第二代机器人——NXT(见图 1-6)。与它的前辈 RCX 相比较,NXT 的改进是巨大的。首先,从外观上看,屏幕更大了,分辨率更高了,能够展示更多的信息。遍布 RCX 外壳的颗粒已经取消,取而代之的是侧面 4×5 共 20 个"孔"和底部 4×3 共 12 个"孔"。这表明乐高公司已经将机器人系列和颗粒系列完全区分开来。同时安装孔的规格又与乐高的科技系列完全匹配,用户可以使用科技系列的零件库来组装更具特色的乐高机器人,当然也可以用机器人的控制器和电动机来制作更加智能化的科技系列产品。

图 1-6　NXT 身上已经没有了乐高颗粒

NXT 共发行过两个版本——玩具版(8547)和教育版(9797),以及一个零件包(9695)(见图 1-7)。不同版本间的零件不同,但是其主机是一样的,零件包也是通用的。除零件包(9695)外,科技系列的零件也可以在乐高机器人上使用。不同版本间的主要区别如表 1-1 所示。

图 1-7　玩具版(8547)和教育版(9797)

控制器本身也有重大改进。首先是放弃了传输速度较慢,并且不十分稳定的红外线收发装置,改用蓝牙作为数据传输方式。这一变化使得信号传输的距离和可靠性都大大增加。除了传输速度更快之外,另一个重大的改进在于,你的机器人与计算机通信更加方

表 1-1 NXT 玩具版与教育版对比

型 号	玩具版（8547）	教育版（9797）
零件数	610	430
颜色传感器	有	无
光电传感器	无	有
锂电池	无	有
LED	无	3 个
软件	NXT-G 2.0	无（另购）

便了，因为绝大多数的计算机都自带了蓝牙模块（而不是红外线模块）。如果你的计算机没有蓝牙功能，还能通过 USB 端口连接 NXT 和 PC。总之，使用计算机控制机器人变得容易多了。

另外，处理器更快了，存储空间更大了。有大约 180KB 的空间可供用户存放自己的程序。表 1-2 是 RCX 与 NXT 的性能参数对比。

表 1-2 RCX 与 NXT 性能参数对比

型 号	RCX	NXT
处理器	8 位/ 16 MHz	32 位/48MHz
红外线	有	无
USB	无	有
蓝牙	无	有
输入端口	3	4
输出端口	3	3
屏幕	5 位数字 LCD 屏幕	100px×64px 单色屏幕
存储空间	10KB	256KB（程序可用的约 180KB）
编程语言	RoboLab	多种

除了之前提到的硬件上的变化，软件上的改变也是巨大的。乐高公司提供了一种新的编程语言——NXT-G，取代原有的 RoboLab。即使是对代码一窍不通的初学者，也很容易上手，因为编写程序就如同搭建积木一样简单。这得益于 NXT 出色的性能和乐高品牌的市场认知度，众多软件企业或软件团体先后推出了针对 NXT 的编程语言。这些编程语言主要有以下几种：

- NXT-G（官方）
- Microsoft Robotics Studio（MSRS，微软提供）。
- RobotC（C 语言）
- leJOS（Java 语言）

这些语言中，使用最多的是 RobotC 和 leJOS。前者是以 C 语言为基础，拥有最广大的学习群体，因为现在国内绝大多数高校都采用 C 语言讲授计算机编程课程。而后者则采用了当下最流行的编程语言——Java 作为基础（见图 1-8）。Java 最大的特色是面向对象，这里的对象是指应用程序的数据及操作数据的方法。此外，Java 语言还具备跨平台、

安全、健壮等多种优点。

图 1-8　leJOS 和 Java

相较于 RCX，NXT 无论是硬件还是软件都获得了显著的提升。加之精确传感器的加入和孔洞零件的加入，这一切使得开发具有复杂功能的机器人成为可能。本书使用 NXT 机器人作为教学器材，通过若干个实验实例，详细讲解如何使用 leJOS 语言编写机器人程序。

3. 第三代机器人——EV3

乐高公司于 2013 年 8 月推出了最新一代的机器人 EV3（见图 1-9）。与 NXT 相比，EV3 具有更加强大的硬件性能和可扩展性。但是考虑到教育机构目前还在普遍使用 NXT 作为教学材料，并且 NXT 在读者中更为普及，所以本书仍采用 NXT 作为器材讲解编程知识。

图 1-9　乐高第 3 代机器人 EV3

1.2　乐高零件

乐高机器人除了 NXT 主机（NXT 控制器，Brick，下文简称 NXT 或 NXT 主机）和传感器等核心部件之外，还包括各种用于搭建机器人的零件。这些零件是机器人结构的主体。

1.2.1　基本尺寸

乐高零件的大小常用凸点的行数乘以列数来描述，使用这种“乐高单位”，可以描述绝大多数积木的尺寸。图 1-10 所示为 2×2 积木块的外形尺寸。

其他乐高零件也有其计量方式，可以根据锯齿数目、长短划分，如图 1-11 所示。

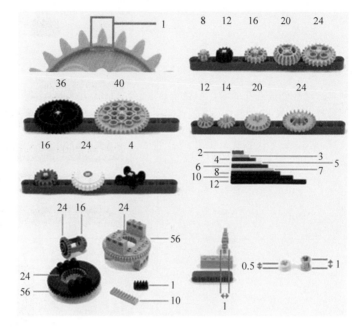

图 1-10 2×2 积木块   图 1-11 零件基本尺寸（单位：mm）

1.2.2 种类

乐高零件根据结构可分为基本零件和装配零件。基本零件包括砖、梁、板、轴、销、轴套、连接件、连杆、轮子、齿轮等和一些装饰件；装配零件包括差速齿轮、离合齿轮、配重块等，零件的外形如表 1-3 所示。

表 1-3 乐高零件种类

零 件	外 形
砖 砖的有效高度为 9.6mm，为实心块。主要通过零件的凸点来定义，常用于实体的搭建	1 2 3 4 5 6 7 8 9 10

续表

零　件	外　形
梁 单列有凸点且侧面有孔的零件叫做梁。梁的有效高度为 9.6mm，其凸点是双数，孔为单数。梁是一种常用零件，可作为支撑、支架，还可代替砖来使用，其中孔为十字形的，梁可固定轴、销	
板 板的有效厚度为砖的 1/3，一般通过零件的凸点来定义，常见为单列和双列。也可由长度来区分，多列可以作为底板使用。板又可分为带孔板和无孔板，带孔板可以支撑轴类零件	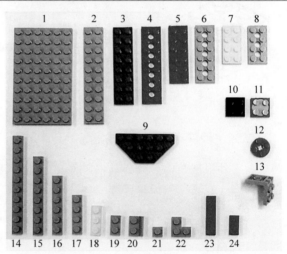
轴 轴是断面为十字的细长杆，根据长度分类，可用于连接运动件。轴上零件的固定通常由带孔板、梁的长度限定，也可由各种轴套固定	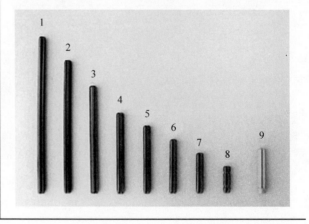

零 件	外 形
销 销是空心的,在端部或中间开有弹性槽,可与梁、砖、板相结合	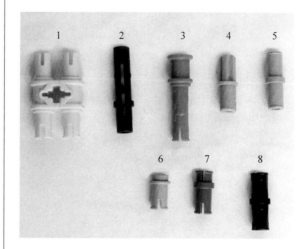
轴套 内孔为十字形的短圆柱,与十字形的轴形成配合,主要用于轴上零件的位置固定,其中 1/2 平面轴套也可用作带轮使用	
万向轴联器 乐高配件中的轴联器是用轴、带凸点的销、轴组合在一起的活动连接	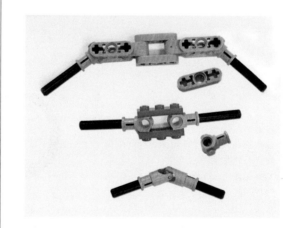

零　件	外　形
连接件 连接件是轴与轴、轴与销间的连接部分,分为垂直连接、直线连接和 120° 连接。连接件用于轴的延长、关节连接等,也可以用轴、带凸点的销轴连接器制作万向轴联器	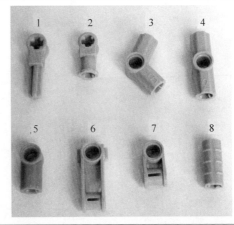
连杆 连杆是表面排满单列孔的零件,其中十字孔可以与轴连接或通过轴销形成活动连接,圆孔可以组成活动的铰链连接以适应不同的需要。其中,凸轮可以将旋转运动转化为直线运动,常与传感器配合使用,以转动位置控制相对运动	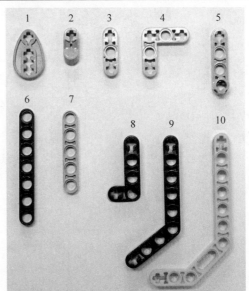
各种轮子及附属件 轮子由橡胶轮胎和塑料轮毂组成,按弹性分为空心轮胎和实心轮胎。空心轮胎包括大摩托轮胎,特点是接触面小、转弯方便、弹性好。另有两种空心轮胎较宽,接触面大、摩擦力大。实心轮胎弹性小,摩擦力小	

零 件	外 形
履带和履带轮 履带和履带轮,行走时摩擦力最大,越野能力最强,可用于特殊的场合	
滑轮(带轮)与皮带 滑轮根据尺寸分为大、中、小3种。传送带颜色不同,其中以白色弹性最大	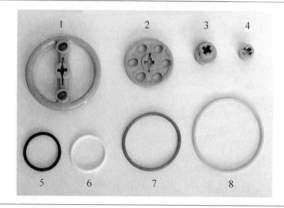
齿轮齿条 齿轮分为直齿轮、冠齿轮、锥齿轮、离合齿轮、差速齿轮、齿条和蜗杆。不同齿数的齿轮组合可以实现变速和改变旋转轴的方向	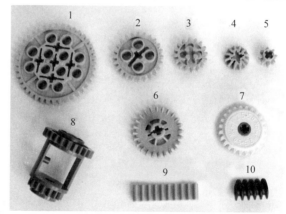
蜗杆 蜗杆可以把齿轮垂直的转动转化为轴承的旋转,带动车轮前进	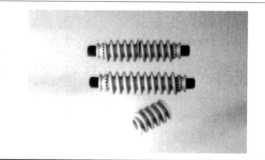

1.3 乐高机器人搭建

要想制作一个机器人,合理的结构设计是前提。机器人具备牢靠的物理结构是能够准确、高效工作的前提。结构的缺陷会限制功能的发挥,即使程序再完美也不能保证达到设计者期望的效果。

搭建一个具有某种功能的机器人,仅仅依靠凭空设想是无法办到的,模仿是一个不可缺少的学习过程。在模仿他人作品的基础上,对其结构和设计思路进行分析,思考设计中的工艺技巧,了解相关机械结构的知识。还应该将所学的力学知识应用于结构设计中,通过不断动手实践与改进,从而获得正确的设计方案。对于已完成的机器人,要上传程序进行测试。如果达不到要求就要找出原因并加以改进。在结构设计中有一些已经成型的结构模式,如变速齿轮、万向轮、差速器等,在设计机器人的过程中可以合理地加以利用。

1.3.1 结构与功能

搭建乐高机器人所遵守的原则首先是保证结构的稳定,使用垂直梁加固乐高结构是最常用的一种方式,如图 1-12 所示。

图 1-12　垂直梁加固

如果是用于固定结构,使用黑色的销来与梁连接。黑销比灰色的销有更大摩擦力,与梁上的孔结合紧密。而灰色的销常用于制作可移动的连接装置,如杠杆与臂。

乐高积木搭建中固定梁的关键是保证孔之间的垂直距离必须是乐高基本单位的整数倍,只有这样才能够把它们连接起来。图 1-13 所示为 2 个、4 个、6 个单位梁的装配图。

图 1-13　梁的装配图

另外，使用连接两个或两个以上的凸点来拼接乐高积木也是一种非常好的加固方法，如图 1-14 所示。

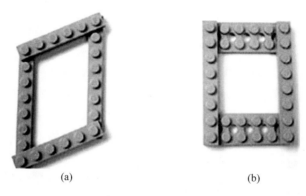

　　　　　(a)　　　　　　　　　　　　　(b)

图 1-14　稳定性对比

如果仅连接一个凸点，如图 1-14(a)所示，会导致结构扭曲变形。

连接相互垂直的梁可以用专用的直角连接件，它的作用是将两个或多个梁进行垂直固定，如图 1-15 所示。

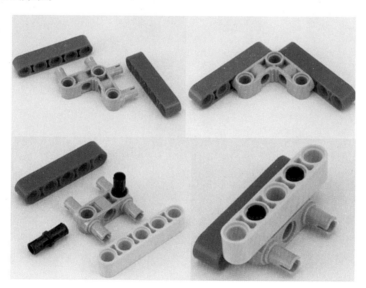

图 1-15　两种制作直角的方式

在设计机器人时稳定的结构是重要的，但也不是说固定件使用得越多越好。在设计机器人时，重量也是必须考虑的一个因素，尤其是在设计可移动机器人时更要考虑物体自身的惯性及电动机的轴所能承受的力矩等多种因素。机器人质量越大，加速或制动时需要电动机提供的力量就越大，直接导致机器人性能的降低。

机器人最好采用模块化设计，一个模块完成一种功能。这样做的优点是可以将一些组件快速应用到其他项目上，而无须重复搭建。此外，在设计机器人结构时，还要考虑更换组件、充电及操作的方便性。

1.3.2　结构与载重

不同结构的力学特点直接影响了机器人的稳定性和工作效率,因此在设计机器人时就要设法消除种种不利的因素。首先要考虑的就是减小摩擦力,尤其是与机械臂或轮子相连的这部分结构。因为机械臂或轮子所承受的重量都是由轴传递的,这部分力受到杠杆原理的作用,距离越远,作用到轴上的力就越大。这个力可能会使轴弯曲,使梁变形,在梁与轴间产生很大的摩擦力。因此,在设计机械臂或轴支撑结构时要尽可能使机械臂或轴与支撑的梁靠近,以减小杠杆效应的影响(见图 1-16)。

在条件允许时,尽可能不要用一根梁支持承重轴,而采取如图 1-17 所示的结构。

(a)　　　　　　　　　(b)

图 1-16　机械臂与轴的连接　　　　图 1-17　消除杠杆效应

这种结构可以避免由轴与支持物引起的杠杆效应,将摩擦力降至最小。在构建机器人时 NXT 主机的位置也是至关重要的。这是因为 NXT 主机在整个机器人的重量中占有很大比例,其位置高低直接决定了重心的高度,对机器人的平衡性产生很大的影响。同时重量在不同结构上的分配,也会影响机器人的功能。例如,要搭建一个依赖轮子来运动的机器人时,为了能灵活地转弯,要尽可能保证动力轮上承担机器人大部分的重量,否则会因为与地面摩擦力减少而出现空转现象。同时也应该有足够的重量落在转向轮上,如同骑自行车载物时,如果将重量全压在后轮上,方向就不好掌控了。总之,在设计机器人时要根据任务的要求,综合考虑各方面的因素,经过不断改进和调试才能创作出完美的作品。

1.4　小　　结

乐高 NXT 8547 作为一款经典的机器人产品,它的出现给乐高爱好者创作智能机器人提供了最好的平台。很多玩家把自己设计的图纸公布在网络上供大家学习和交流。我们可以从模仿他人的作品开始,在逐渐熟悉了机器人的结构之后,就能创作出属于自己的作品了。

第2章 LEGO Mindstorms NXT

LEGO Mindstorms NXT，中文名称是"乐高头脑风暴 NXT"，一般简称 NXT（见图 2-1）。它是乐高公司推出的第二代机器人产品。这个系列的产品不同于以往的颗粒系列和科技系列，它使用类似于科技系列的组件库来搭建机器人主体，并有一个乐高公司称为"砖"（Brick）的微型计算机作为控制器，用于编写和执行指令。

图 2-1　LEGO Mindstorms NXT

2.1　NXT 主机

NXT 主机从外观上看是一个方块，所以乐高公司也称之为"砖"（Brick），如图 2-2 所示。

(1) 输出端口：可以连接电动机、LED 灯泡等。

(2) USB 接口：用于数据传输。

(3) 屏幕。

(4) 喇叭：用于输出声音。

(5) 按钮：分别是左、右、确定和取消。

(6) 安装孔：用于安装零件。

(7) 输入端口：可以连接距离传感器、颜色传感器等。

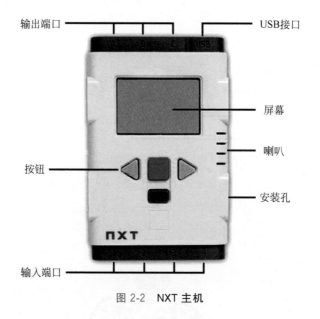

图 2-2　NXT 主机

2.2　输出系统

　　一个完整的机器人系统应该包括输入、输出设备。计算机上的输入设备通常有键盘、鼠标、磁盘等,输出设备包括显示器、打印机等。与计算机不同的是,乐高机器人没有键盘和鼠标,但是却多了许多传感器。这些传感器可以直接感知周围世界物理量的变化。机器人的输出设备虽然没有打印机,但是却多了电动机等装置,可以直接驱动机器人行走。

1. LCD 屏幕

　　NXT 有一块单色液晶显示屏,分辨率是 100px×64px。它的原点在左上角,也就是说左上角的坐标为(0,0),而右下角的坐标为(99,63)。屏幕可以显示 8 行文字,从上到下分别为第 0 行至第 7 行。leJOS 提供了强大的 NXT 屏幕绘制功能,能够在液晶屏上显示需要的内容(见图 2-3)。

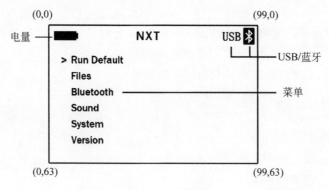

图 2-3　NXT 屏幕

2. 声音

NXT 带有一个小喇叭,可以播放一个固定频率的音调或音频文件🔊。

3. 电动机

NXT 的电动机内置角度传感器。当它作为输出设备时,输出最大扭矩为 50N·cm,最高转速大约是 900°/s。当电动机在工作时,可以通过角度传感器精确控制转动的角度大小(见图 2-4)。

图 2-4　电动机

2.3　传　感　器

传感器作为机器人感官系统,通过"看"、"听"、"触"、"嗅"等动作完成对信息的采集。常见的 NXT 传感器有触碰传感器、光电传感器、颜色传感器、声音传感器、超声波(距离)传感器和角度传感器等。

1. 触碰传感器

NXT 触碰传感器能够感受到物体的挤压、释放和撞击。传感器前端有一个橙色的按键,用来做碰撞检测或是否被压下检测,如图 2-5 所示。它的内部构造就是一个小开关,只能检测是否有触碰而无法检测触碰程度。对应的数据类型为布尔型(Boolean),被压下时回传值为 1,未被压下时回传值为 0。

前端带有十字孔的设计,方便安装和制作缓冲器。

2. 光电传感器

光电传感器可用于检测光亮强度的变化。图 2-6 是 NXT 光电传感器的实物图片,前方有上、下两个类似小灯泡的东西。它的主要特点如下:

图 2-5　NXT 触碰传感器

图 2-6　NXT 光电传感器

（1）上方的是红外光敏管，对红外光敏感，能够读取环境光中红外光的强度。

（2）下方是发光二极管（红色），会向物体发射一束红外光，红外光敏管可以读取反射光线的强度。

（3）灵敏度高，可以识别多种颜色（实际上识别的是灰度变化，乐高还推出了颜色感应器，可以识别更多的颜色）。

（4）红外发光管可以通过程序关闭。

光电传感器的作用是检测反射光的强度（Intensity），而不能真正分辨颜色。光电传感器可将环境的光转换为0（最暗）～100（最亮）的数值，对应的数据类型为整型（Integer）。可以设置下方的红色灯泡是否发光，如果发光就是反射光模式（Reflected Light Mode），否则就是环境光模式（Ambient Light Mode）。

3. 颜色传感器

与光线传感器不同，NXT 的颜色传感器不仅可以感知光亮强度的变化，同时也可以感知颜色的变化。它有一个主动光源，可以发出红、绿、蓝三种颜色的可见光，然后通过读取物体表面的反射光判断物体颜色（见图 2-7）。

4. 声音传感器

声音传感器外形像一个麦克风，如图 2-8 所示，可以用来检测外界的音量。声音传感器可以将环境的音量转换为0（最安静）～100（最嘈杂）的数值，对应的数据类型为整型（Integer）。

图 2-7　颜色传感器

图 2-8　声音传感器

声音传感器传回的数据计量单位有两种，一种是分贝（deciBels，dB），另一种是对分贝值做了计算处理后得到的调整分贝（Adjusted deciBel，dBA）。调整分贝是一种衡量声音压力的度量方法。

- 分贝（dB）：当检测分贝时，所有的声音都可以被检测到，包括对人耳来说无法感知到的超声波（过高频）和次声波（过低频）的部分频段声音。
- 调整分贝（dBA）：当检测调整分贝时，传感器能够感受人感受的声音。或者说，它能听到人可以听到的声音。

声音传感器能够检测到的声压大于 90dB。因为声压的等级非常复杂，所以在Mindstorms NXT 上显示是按比例（％）折算过的，传回的数值越小，声音越小。例如：

（1）4％～5％——比较安静的卧室。

（2）5％～10％——从较远距离听人的谈话声。

（3）10％～30％——较近距离的正常谈话，或者正常音量下的声音播放器。

（4）30％～100％——人们的喊叫声，或者大音量的音响。

💡 **注意**：声音传感器测量的是声音压力（dB、dBA）而不是音频（Frequency）。如果机器人处在一个嘈杂的环境，可以通过校正传感器来改善使用效果，因为我们所使用的声感值是经过百分比处理过的，通过校正可以实现在一个特定的声音段更敏感的数据采集。可以通过声音音量的变化来改变机器人的行为，而朝上放置的声音传感器的收音效果更佳。由于电动机转动时会产生较大的噪声，所以组装机器人时要考虑将声音传感器远离电动机和容易产生噪声的地方。

5. 距离传感器

距离传感器又叫超声波（UltraSonic）传感器，如图 2-9 所示。虽然其外形酷似人的眼睛，但它并不是真的能够看到周围物体。

超声波传感器工作时会以一定频率向正前方发出超声波，并记录周围物体反射回超声波所需要的时间，再转换成距离后传送给 NXT 主机。它可以让机器人像蝙蝠一样"看到"物体并在撞上去之前躲开，这一点是触碰传感器所做不到的。NXT 超声波传感器是一种数字感应器（其返回的是一个可以直接使用的数字，该传感器采用 I²C 接口）。

图 2-9　超声波传感器

超声波传感器传回的数值默认使用厘米（cm）或英寸（inch）作为单位，实际使用中，有效测量范围为 10～255cm，误差为 ±3cm，测量角度为 150°。

NXT 的超声波传感器对于大的、表面坚硬且平坦的物体是最容易辨认的。软织物、表面弯曲（比如球）及凹凸不平的物体或者很薄、很小的物体比较难辨认。

💡 **注意**：在同一个房间或有多个反射面的狭小空间里，两个或多个超声波传感器由于回波相互干扰可能会影响测量的数据。

6. 角度传感器

角度传感器又称为电动机编码器（Motor Encoder），内嵌于 NXT 直流电机中，检测精度高达 1°，能够精确地控制电动机转动，如图 2-10 所示。

图 2-10　角度传感器

机器人在移动或者动作的时候必须时时刻刻知道自己的姿态;否则可能会导致无法返回正常运行轨道。角度传感器可以反馈这种信息。由于机器人一般是采用电机驱动的,所以先通过传感器获得电机转过的圈数及角度,再经过计算就可以得出机器人当前的位置和姿态。

7. 温度传感器

NXT 温度传感器的编号是 9749,如图 2-11 所示。可以在下面这个网站查询到关于它的详细信息:http://www.peeron.com/。

教育版和玩具版的 NXT 机器人套件都没有标配该零件。它测量温度的有效范围为 $-20℃\sim120℃$。

8. 陀螺仪

陀螺仪是利用陀螺原理制作的传感器,它可以测量移动机器人的加速度、姿态等信息,如图 2-12 所示。

图 2-11   温度传感器

图 2-12   陀螺仪

9. 其他传感器

除了乐高公司提供的传感器外,还有其他一些厂商如 HiTechnic、MindSensors、Vernier 等提供的第三方传感器。这些传感器的出现,大大增加了 NXT 机器人的功能性与可扩展性。表 2-1 给出了 MindSensors 公司提供的几款对应 NXT 机器人的传感器。

表 2-1   Mindsensors 公司提供的传感器

实 物 示 例	说　　明
	NXTCam 相机,可以设定所要跟踪的颜色,相机会将所跟踪目标的坐标显示出来

续表

实 物 示 例	说　　明
	红外距离传感器，可以测量 10～80cm 间的障碍物，精确度达到 1mm
	红外障碍检测器，可以同时检测左前、右前和直行的障碍
	用于寻线的光电传感器阵列

2.4　其他输入/输出装置

2.4.1　按钮

按钮相当于计算机的键盘，也是一个重要的输入装置。NXT 的前面板上有 4 个按钮，如图 2-13 所示。上面一行自左向右为左键、确认键和右键，下面一行灰色键为取消键。

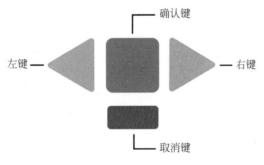

图 2-13　NXT 的按钮

一般情况下，程序在运行时左、右两个按钮用于切换显示内容。而取消键常用于停止执行程序。这些功能并不是固定不变的，可以通过编程的方式更改。比如，用左键或右键来代替触动传感器,在程序执行过程中需要等待用户按下按键之后才会接着执行后续程序。

2.4.2　蓝牙和数据线

NXT 支持两种数据传输方式:蓝牙和数据线。

NXT 使用的是 CSR 蓝牙芯片。一个 NXT 主机可以同时连接 3 个蓝牙设备,但是同一时间只能有一个设备处于通信状态,其他设备处于等待状态。NXT 主机通过蓝牙能够与计算机进行无线数据传输,也可以与另一个 NXT 主机分享程序。配合编程软件,就能实现一个 NXT 机器人对另一个 NXT 机器人的控制(见图 2-14)。蓝牙通信的有效距离大约是 10m。

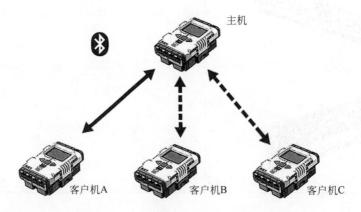

图 2-14　1 个主机可以连接 3 个客户机

当两个 NXT 连接时,必须有一个 NXT 是连接的发起者,这个发起者叫做主机(Master)。其他 NXT 搜索到主机发出的连接信号之后与之进行配对,它们叫做客户机(Slave)。如图 2-14 所示,当客户机 A 与主机通信时,客户机 B、C 处于等待状态。关于蓝牙通信的具体内容将在本书第 10 章讲解。

NXT 还可以使用标准的 USB 2.0 接口与 PC 通信。连接成功之后,可以通过 USB数据线上传和下载程序、文件。通过编写程序,还能够发送指令控制 NXT 机器人的行动。它比蓝牙传输更加方便、稳定,一般在调试程序阶段都采用这种方式(见图 2-15)。

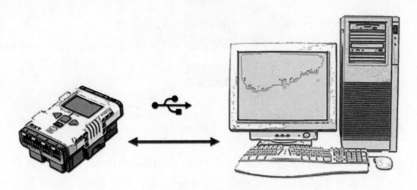

图 2-15　USB 连接 PC

关于 USB 通信的具体内容请阅读本书第 10 章。

2.5　小　　结

乐高机器人 NXT 8547 同科技系列的最大区别就在于它有一个智慧的大脑和多样化的传感器。在搭建机器人的时候,大家要合理使用和配置这些传感器。后面的章节会逐步介绍如何编写程序控制机器人的行动。

第3章 初识 leJOS

本章将向您介绍 leJOS。它既是一门编程语言，又可以指代运行在 NXT 主机上的系统。它和 Java 的关系是，后者是一门通用的编程语言，而 leJOS 是 Java 专门针对乐高机器人编程的一个版本。

3.1 leJOS 概述

leJOS 是一个以 Java 语言为基础的开发、运行环境。目前最新的版本是 0.9.1。它包括一个在 NXT 主机上运行的 Java 虚拟机环境，换句话说，你的 NXT 主机需要烧录成 leJOS 固件。此外，还包括以下内容。

（1）一套用于 NXT 机器人开发的 API；

（2）一套用于 PC 开发的 API；

（3）一套图形化的工具；

（4）开发文档；

（5）示例代码。

API（Application Programming Interface，应用程序接口）是指一套封装好的函数，并在这些函数内部实现了对底层设备的操作。而位于上游的程序开发人员不需要知道底层设备的运行原理，只需要直接调用 API 中的函数就可以完成相应的操作。NXT API 用于开发运行在 NXT 主机上的程序，这套 API 中提供了对电动机等设备的操作。PC API 提供的函数让你能够开发运行在 PC 上的程序，同时又能与运行在 NXT 上的程序互动。目前 leJOS 提供了约 10 个运行在 PC 上的图形化工具，主要功能有查看 NXT 主机的状态、烧录固件、转换图像等。

相较于其他编程语言，leJOS 有以下很明显的优势。

（1）更高的运行效率；

（2）面向对象的编程方式；

（3）标准的 Java 语言；

（4）多线程、事件、监听。

由于 leJOS 采用的是标准的 Java 内核，学习 leJOS 的过程其实就是一个学习 Java 的过程。学会了 leJOS，也就学会了 Java。而 Java 是目前软件行业中使用最为广泛的语言，应用空间广阔；反之，以前学习过 Java 的读者，此时学习 leJOS 会十分轻松。没有 Java 基础的读者也不用担心，本书将对 Java 编程进行详细的讲解。

leJOS 的官方网站（见图 3-1）：http://www.lejos.org。

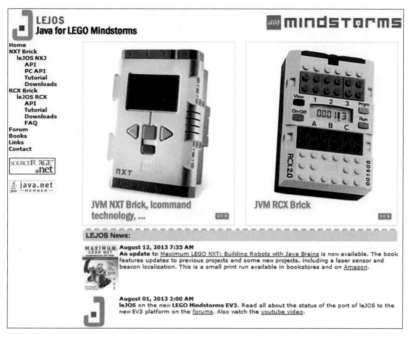

图 3-1　leJOS 官方网站

本章将讲述如何安装 leJOS。leJOS 安装完毕，就可以进行程序的开发了。但是为了提高开发效率和准确性，通常还需要一个强大的集成开发环境（Integrated Development Environment，IDE）。leJOS 可以使用任何 Java 的 IDE，本书示例所使用的 IDE 是 Eclipse。第 4 章将讲解 Eclipse 的安装和使用。

3.2　安装 leJOS

本书所使用的开发环境是 Windows XP 和 Windows 7 32 位版本。leJOS 的安装步骤如下：

（1）安装驱动程序；

（2）安装 Java JDK；

（3）安装 leJOS；

（4）更新固件。

3.2.1　安装驱动程序

如果用户已经安装过乐高机器人控制软件，如 RobotC、Labview For Mindstorms 或 LEGO Mindstorms NXT Software V2.0 等软件中的任意一款，那就意味着计算机中已经安装了 USB 驱动程序，否则就需要单独下载和安装这个驱动程序。可以登录以下网址下载（见图 3-2）：http://mindstorms.lego.com/en-us/support/files/Driver.aspx。

图 3-2　下载最新的 USB 驱动程序

目前最新版本是 Fantom Driver 1.1.3。下载完之后解压缩,运行 Setup 程序开始安装,如图 3-3 所示。

图 3-3　开始安装

单击 Next 按钮,开始安装驱动程序,如图 3-4 所示。
根据提示单击 Next 按钮,直到完成安装,如图 3-5 所示。

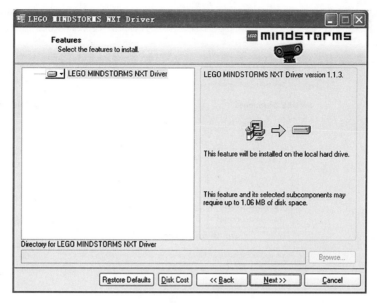

图 3-4　**安装驱动程序**

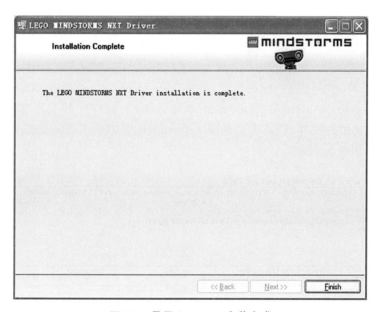

图 3-5　**显示 Complete 安装完成**

3.2.2　安装 Java JDK

前面曾经说过，leJOS 使用的核心是 Java，所以要想编译执行 leJOS 程序，首先就要安装 Java JDK。Java JDK(Java Development Kit，Java 开发工具包)包括 Java 运行环境、Java 工具和 Java 基础类库。目前最新版本是 7u25。可以在 Oracle 公司的网站上下载最新版本的 JDK(见图 3-6)。

Oracle 公司网址：http://www.oracle.com/index.html。

图 3-6　下载 Java JDK

Java JDK 下载地址：http://www.oracle.com/technetwork/java/javase/downloads/index.html。

单击图 3-6 中方框区域的图标按钮，进入 Java JDK 7u25 下载页面。首先要在使用许可区域选中 Accept License Agreement 单选按钮，然后根据开发环境选择相对应的 JDK 版本。笔者的开发环境是 32 位的 Windows XP，所以单击 jdk-7u25-windows-i586.exe 开始下载，如图 3-7 所示。

Java SE Development Kit 7u25

You must accept the Oracle Binary Code License Agreement for Java SE to download this software.

○ Accept License Agreement　◉ Decline License Agreement

Product / File Description	File Size	Download
Linux x86	80.38 MB	jdk-7u25-linux-i586.rpm
Linux x86	93.12 MB	jdk-7u25-linux-i586.tar.gz
Linux x64	81.46 MB	jdk-7u25-linux-x64.rpm
Linux x64	91.85 MB	jdk-7u25-linux-x64.tar.gz
Mac OS X x64	144.43 MB	jdk-7u25-macosx-x64.dmg
Solaris x86 (SVR4 package)	136.02 MB	jdk-7u25-solaris-i586.tar.Z
Solaris x86	92.22 MB	jdk-7u25-solaris-i586.tar.gz
Solaris x64 (SVR4 package)	22.77 MB	jdk-7u25-solaris-x64.tar.Z
Solaris x64	15.09 MB	jdk-7u25-solaris-x64.tar.gz
Solaris SPARC (SVR4 package)	136.16 MB	jdk-7u25-solaris-sparc.tar.Z
Solaris SPARC	95.5 MB	jdk-7u25-solaris-sparc.tar.gz
Solaris SPARC 64-bit (SVR4 package)	23.05 MB	jdk-7u25-solaris-sparcv9.tar.Z
Solaris SPARC 64-bit	17.67 MB	jdk-7u25-solaris-sparcv9.tar.gz
Windows x86	89.09 MB	jdk-7u25-windows-i586.exe
Windows x64	90.66 MB	jdk-7u25-windows-x64.exe

图 3-7　选择适合系统的 JDK

下载完成后，找到文件 jdk-7u25-windows-i586.exe，双击开始安装，如图 3-8 所示。

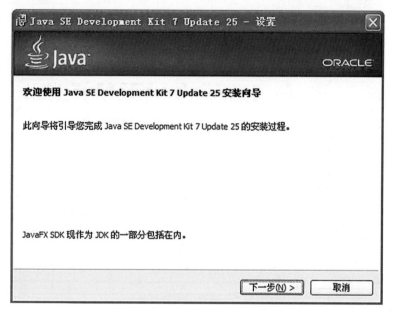

图 3-8　准备安装

单击"下一步"按钮继续。"安装到"选项可以更改 JDK 的安装位置，但是请务必牢记你的选择，在设置环境变量时要用到，如图 3-9 所示。

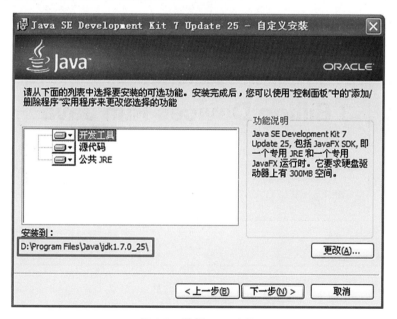

图 3-9　选择 JDK 路径

JDK 安装包中还包括 Java 运行环境（Java Runtime Envirnment，JRE），如果用户的计算机没有安装过 JRE，这时会弹出界面让用户选择安装路径，如图 3-10 所示。

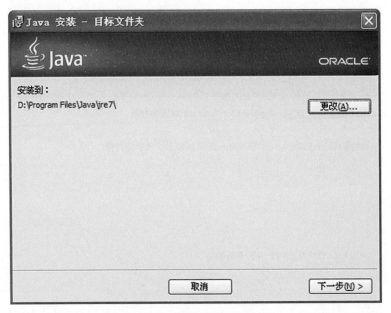

图 3-10　选择 JRE 安装路径

单击"下一步"按钮,开始安装,如图 3-11 所示。

图 3-11　正在安装

安装成功之后,出现如图 3-12 所示的界面,单击"关闭"按钮关闭 JDK 安装界面。

为了保证程序开发顺利,应该验证安装是否成功。验证的方法是单击"开始"→"运行"菜单命令,输入命令 cmd 然后按 Enter 键,如图 3-13 所示。

在新打开的命令提示行窗口输入 javac 按 Enter 键,如图 3-14 所示。

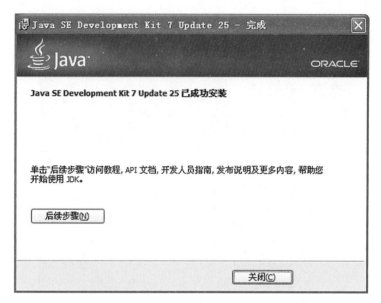

图 3-12　安装成功

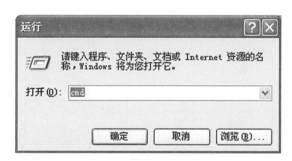

图 3-13　输入 cmd 并按 Enter 键

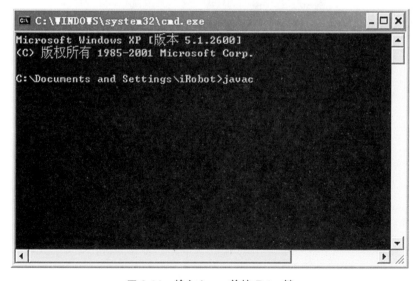

图 3-14　输入 javac 并按 Enter 键

如果安装成功,屏幕上显示 Java 的编译指令,如图 3-15 所示。

图 3-15　JDK 安装成功显示界面

出现如图 3-16 所示信息表示安装失败,需要手动修改系统环境变量。环境变量的修改方法请阅读本书 12.6 节。

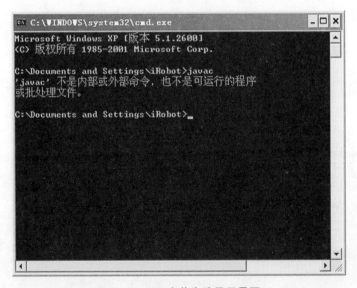

图 3-16　JDK 安装失败显示界面

3.2.3　安装 leJOS

Java JDK 是开发程序的基础,安装完成之后就可以开始安装 leJOS 了。在 sourceforge 网站可以下载安装包,目前最新版本是 0.9.1。

leJOS 下载地址(见图 3-17):http://sourceforge.net/projects/lejos/files/lejos-NXJ/。

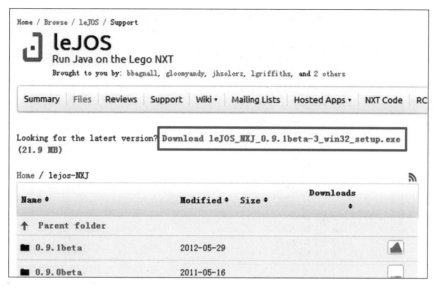

图 3-17　在 sourceforge 网站可以下载最新版本的 leJOS

单击图 3-17 中方框处，稍等几秒就可以自动开始下载 leJOS 的 Win32 版本安装程序。也可以在列表中选择其他版本的程序进行下载。

下载完成后，找到 leJOS_NXJ_0.9.1beta-3_win32_setup.exe 文件，双击开始安装，如图 3-18 所示。

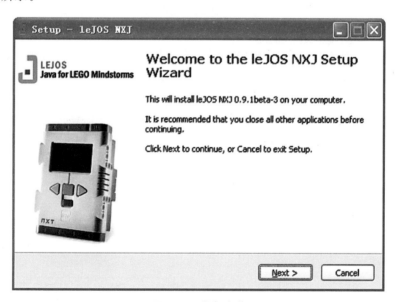

图 3-18　准备安装

单击"下一步"按钮开始安装。这里要选择刚才 JDK 的安装目录。要注意的是，如果计算机上安装有多个 JDK，请选择正确的版本。笔者选择的是 jdk1.7.0_25，如图 3-19 所示。

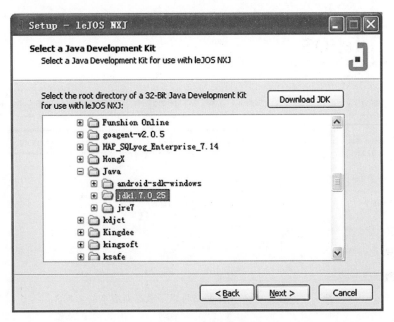

图 3-19　选择 JDK

选择 leJOS 的安装路径,如图 3-20 所示。这个路径同样要用到环境变量的配置中去,所以要牢记。

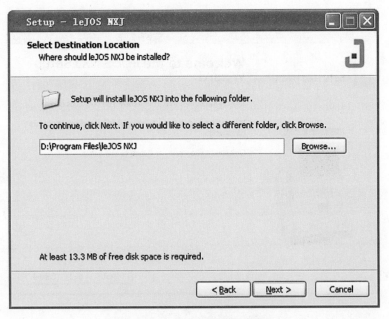

图 3-20　选择 leJOS 的安装路径

单击 Next 按钮选择安装项目,包括开发文档和示例代码。这里全部选中复选框,如图 3-21 所示。

选择示例代码的安装位置。本书默认安装在"我的文档"目录下,如图 3-22 所示。

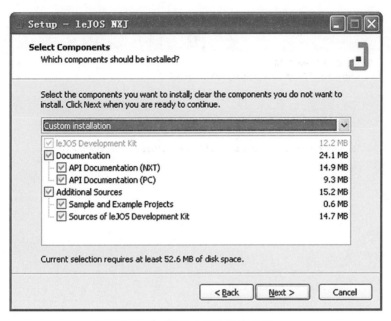

图 3-21　开发文档和示例代码

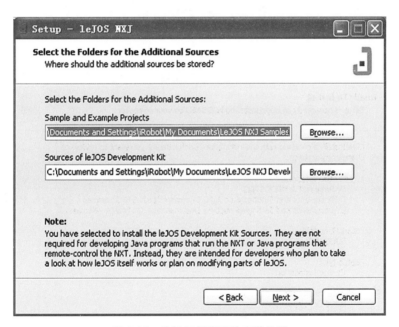

·　图 3-22　选择示例代码的安装位置

设置程序集名称,如图 3-23 所示。

确认无误后,单击 Install 按钮开始安装,如图 3-24 所示。

等待 1~5min 之后,安装完成。如果选中 Launch NXJ Flash utility 复选框,在窗口关闭之后开始自动更新 NXT 的固件。这里不要选中该复选框,如图 3-25 所示。

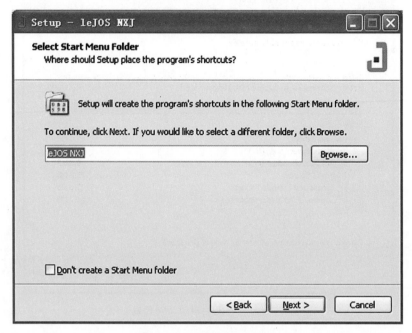

图 3-23　设置程序集名称

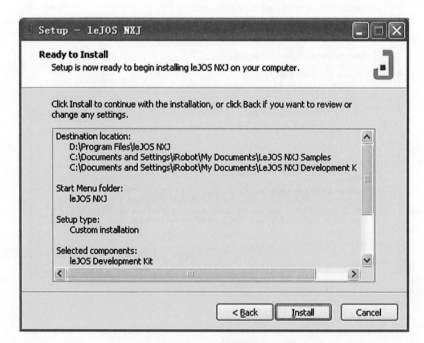

图 3-24　开始安装

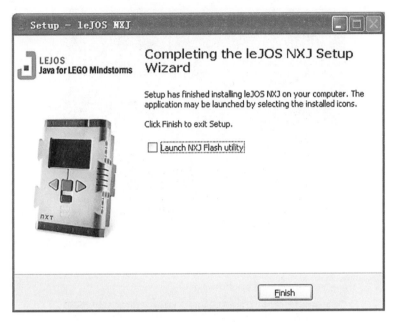

图 3-25　安装完成

同样,需要验证 leJOS 是否已经安装成功。在"开始"→"运行"中输入 cmd 打开命令行窗口,输入 nxj 并按 Enter 键,如图 3-26 所示。

图 3-26　输入 nxj 并按 Enter 键

屏幕显示 nxj 的指令列表表示安装成功,如图 3-27 所示。

如果出现如图 3-28 所示界面,同样是环境变量设置不正确的缘故。解决方法请参阅本书 12.6 节内容。

3.2.4　更新固件

固件就是运行在 NXT 主机上的操作系统。leJOS 的固件给 Java 程序提供了运行环境。所以在开发 leJOS 程序之前,首先要更新 NXT 主机的固件。

图 3-27　leJOS 安装成功

图 3-28　leJOS 安装失败

💡 **注意**：用户可以随时通过刷机操作重新使用乐高的原厂固件，具体方法请阅读本书 12.1 节。

更新步骤如下：

第 1 步：将 NXT 主机与计算机通过 USB 线连接。打开 NXT 的电源开关，系统托盘区会显示"发现新硬件 LEGO MINDSTORMS NXT"，稍后变为"新硬件已经可以使用"，如图 3-29 所示。

图 3-29　发现 NXT

第 2 步：单击"开始"→"所有程序"→ leJOS NXJ > NXJ Flash，打开烧录工具，如图 3-30 所示。

第 3 步：单击 Flash LeJOS firmware 按钮开始更新 NXT 固件。程序会弹出两个提示，第一个提示是确认 USB 线连接正确并打开了 NXT 主机的电源，如图 3-31 所示。

第二个提示告诉我们，更新过程将删除 NXT 中的所有程序，请事先做好备份。然后单击"是"按钮开始更新固件，如图 3-32 所示。

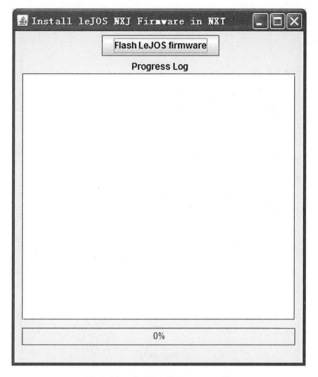

图 3-30　打开 NXJ Flash 工具

图 3-31　确认 USB 连接

图 3-32　删除 NXT 中的所有内容

整个过程需要 1～5min，如图 3-33 所示。

等待更新完毕，弹出提示框，如图 3-34 所示。

更新完成后，NXT 主机会自动重启。启动之后系统已经变为 leJOS 了。下面介绍新系统的功能。

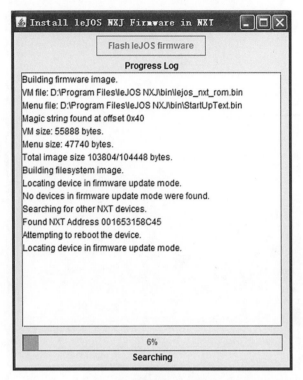

图 3-33　开始更新固件

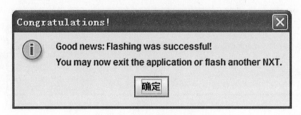

图 3-34　更新完毕

3.3　leJOS 系统介绍

3.3.1　菜单

打开 NXT 开关,屏幕上显示当前系统的版本号。大约 2s 以后,进入 leJOS 系统主界面,如图 3-35 所示。

在 leJOS 系统的主界面显示了电池电量、蓝牙、USB 的连接状态、NXT 的名称(可以更改)和主菜单。主菜单包括以下内容:

(1) Run Default(运行默认程序);

(2) Files(文件菜单);

(3) Bluetooth(蓝牙菜单);

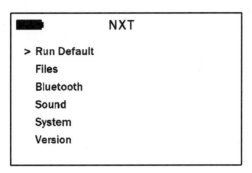

图 3-35 leJOS 系统主界面

（4）Sound（声音菜单）；

（5）System（系统菜单）；

（6）Version（版本信息）。

可以通过 NXT 主机上的 4 个按键来进行操作，如表 3-1 所示。

表 3-1 按键功能

按　　键	功　　能	按　　键	功　　能
	左右选择		取消
	确定		

下面对这些菜单进行详解。

1. Run Default（运行默认程序）

在"文件"菜单中，选中任意一个程序，可以将其设置为"默认程序"。运行默认程序可以快速启动最常用的程序。另外，被设置为默认程序的程序也可以在开机时自动启动。

2. Files（文件菜单）

在文件菜单中显示用户上传的所有程序和文件，如图 3-36 所示。

按左、右键选择一个文件，按 Enter 键进入下一级菜单，如图 3-37 所示。

Files

> **TestButton.nxj**

TestMath.nxj

TestSensor.nxj

DarkOrLight.nxj

ring.wav

图 3-36 文件菜单

Files

TestButton.nxj

Size:6256

> Execute program
  Set as Default
  Delete file

图 3-37 文件子菜单

如图 3-37 所示，屏幕上显示的信息包括文件名称和文件大小，并有 3 个选项可供选

择,分别如下:

（1）Execute program（执行程序）;

（2）Set as Default（设置为默认）;

（3）Delete file（删除文件）。

如果要运行编写的程序,如"HelloWorld",在这个菜单中选择 Execute program 就可以了。

3. Bluetooth（蓝牙菜单）

按左、右键,选择蓝牙菜单,如图 3-38 所示。

当蓝牙处于关闭状态时,只有一个选项: Power on（开启）。

当蓝牙处于开启状态时,可以使用查找、配对、更换配对码等功能,如图 3-39 所示。

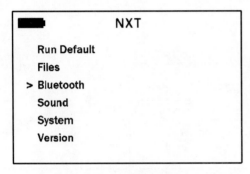

图 3-38　选择蓝牙菜单　　　　　　　　　图 3-39　蓝牙功能

在屏幕最上方会显示当前蓝牙的开启状态（Power on/off）和可见状态（Visibility on/off）。可以进行的操作如下:

（1）Power off（关闭）;

（2）Search/Pair（查找、配对）;

（3）Devices（已配对设备）;

（4）Visibility（可见性）;

（5）Change PIN（更改配对码）。

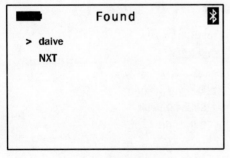

图 3-40　搜索到的设备

选择"Search/Pair"菜单,进入查找、配对界面。屏幕上方显示 Searching（搜索）字样。大约 10s 后,搜索到的设备会显示在下方列表中,如图 3-40 所示。

选中一个设备,按 Enter 键。屏幕第一行显示设备的名称,第二行显示设备的蓝牙地址,如图 3-41 所示。

按 Enter 键,会提示输入配对码,如图 3-42 所示。

按左、右键选择数字 0～9,按 Enter 键输入下一位数字。一般配对码是 0000 或 1234。配对成功之后,就可以与计算机或其他 NXT 主机通信了。

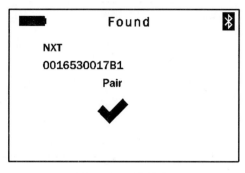

图 3-41　设备信息

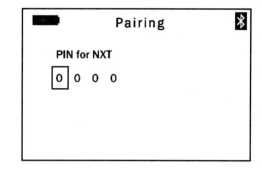

图 3-42　输入配对密码

选择 Devices 菜单,查看已配对的设备。曾经配对成功的设备都会显示在这里。可以不用查找直接建立链接。

选择 Visibility 菜单,修改设备的可见性。只有设备可见性为 on 时,其他设备才能搜索到你的 NXT 主机。

选择 Change PIN 菜单,更改配对码。同样,按左、右键修改数字,按 Enter 键移动到下一位数字。默认配对码为 1234,如图 3-43 所示。

4. Sound(声音菜单)

选择 Sound 菜单,如图 3-44 所示。

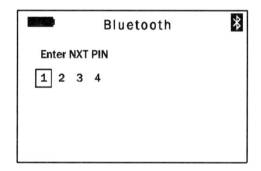

图 3-43　默认配对码是 1234

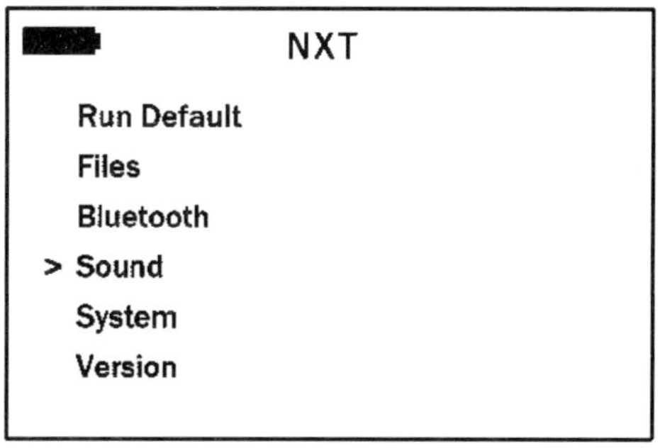

图 3-44　选择声音菜单

声音菜单有两个子项:Volume(声音)和 Key click(按键音)。

按左、右键选择 Volume(声音)或 Key click(按键音),按 Enter 键可以改变音量的大小。每按动一次,对应的音量值会增加 1。到达最大音量(10)之后回到 0(mute,静音),如图 3-45 所示。

5. System(系统菜单)

选择 System 菜单,如图 3-46 所示。

在 System 菜单中,会显示 NXT 主机当前的状态:Flash(可供存放程序的空间)、RAM(运行内存)、Battery(电量),如图 3-47 所示。

系统菜单可进行的操作包括:Format(格式化)、Sleep time(休眠时间)和 Auto Run(自动运行)。

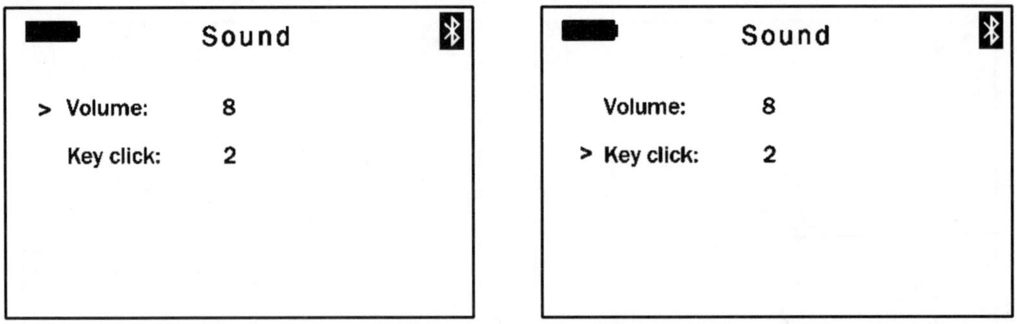

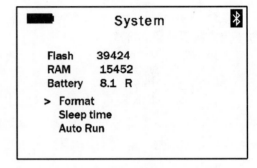

图 3-45　系统声音和按键音

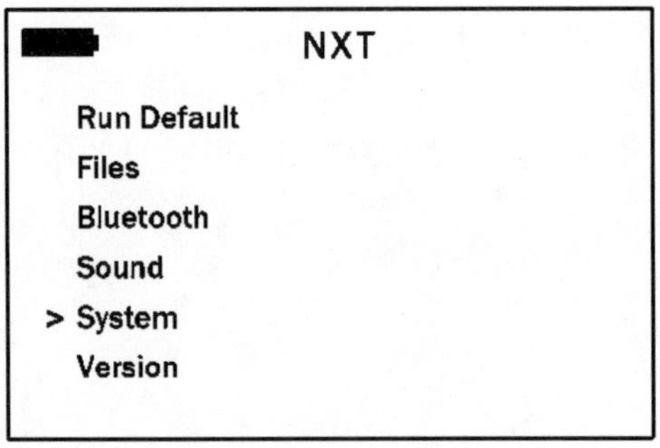

图 3-46　选择系统菜单

图 3-47　系统信息

选择 Format 菜单,主机将进行格式化操作,删除所有文件,恢复 leJOS 系统的初始状态。

选择 Sleep time 菜单,设定休眠时间。NXT 主机在一段时间没有任何操作之后,会自动切断电源进入休眠状态。以 min 为单位,每按动一次确定键值增加 1,到最大值 10 之后,变为 off(不休眠)。

选择 Auto Run,打开/关闭自动运行。如果自动运行功能开启,并且已经设置了默认程序,那么打开电源时,NXT 将直接运行默认程序。在启动过程中按住左键可以禁止程序自动运行,回到主菜单。

6. Version(版本信息)

选择 Version 菜单可以查看 NXT 系统的版本信息,如图 3-48 所示。

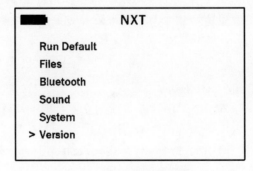

图 3-48　选择版本菜单

版本信息界面显示当前固件的版本(0.9.1)和菜单版本,如图 3-49 所示。

3.3.2　工具和文档

除了运行在 NXT 上的固件外,在 PC 端,leJOS 还提供了几个图形化工具和 API 文档。它们位于"开始"→"所有程序"→leJOS NXJ 目录下,如图 3-50 所示。

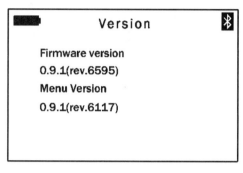

图 3-49　版本信息　　　　　　　　　　图 3-50　开发文档和工具

它们的功能和作用如下:
- API Documentation(NXT):NXT 端开发文档。
- API Documentation(PC):PC 端开发文档。前面讲过,leJOS 程序开发分为 NXT 和 PC 两个部分,它们 API 中的函数并不相同。即使是同名函数,功能也不完全相同。
- NXJ Browse:浏览工具。用于在 PC 端查看 NXT 主机上的程序,并能够上传、下载、删除程序。
- NXJ Charting Logger:图表工具。以图表的形式查看运行信息。
- NXJ Console Viewer:远程查看工具。在 PC 端查看 NXT 端程序的输出结果。
- NXJ Control:控制台。这个工具可以查看 NXT 的状态、设置 NXT 的参数、测试 NXT 上的每个端口。
- NXJ Data Viewer:数据查看器。用于查看 NXT 的日志文件。
- NXJ Flash:烧录工具。这个工具可以让用户随时把 leJOS 固件烧录到 NXT 主机中。
- NXJ Image Convertor:图形转换工具。将位图文件转换成 Byte 数组。
- NXJ Map Command:地图工具。
- NXJ Monitor:监控工具。随时监视 NXT 主机的状态,并用仪表的形式展示。
- Uninstall leJOS:卸载 leJOS。

部分工具的详细说明请阅读本书第 12 章。

3.4 小　结

一定要按照顺序安装 Java JDK 和 leJOS。安装成功之后，就可以开发 leJOS 程序了。可以在磁盘任意位置新建一个记事本文件，在里面编辑好代码，并保存成 *.java 格式，然后调用 leJOS 的编译指令进行编译。只是这样做既费时费力，又容易出错。就好像写文档需要 Word 软件一样，编写代码也有一个好工具——Eclipse。

第4章 使用 Eclipse 开发 leJOS

本章将向大家介绍一款开发 Java 程序的强大工具——Eclipse。使用 Eclipse，将开发出你的第一个 leJOS 程序——HelloNXT。这个程序功能十分简单，通过分析其中的代码，能学习到 Java 程序的语法和结构形式。

4.1 Eclipse 概述

安装完 Java JDK 和 leJOS 之后，你的计算机已经可以编写并运行 Java 程序了。但是直接编写 Java 程序容易出现错误，并且也不便于查找原因，所以还需要安装 Java 的集成开发环境——Eclipse。

Eclipse 是一个开发 Java 的 IDE(Integrated Development Environment，集成开发环境)，它是开发 Java 程序时使用最多的一种工具。它的主要功能包括关键字提示、单词着色、语法检查、编译和执行代码等。通过加载不同的插件(Plug-in)可以拓展它的功能，在本书中就用到了 leJOS 插件。虽然这是一个功能强大的 IDE，但是如果没有 Eclipse 并不影响程序开发。

4.2 安装 Eclipse

4.2.1 下载

在 Eclipse 的官网可以下载最新版本的安装程序。

官方下载(见图 4-1)：http://www.eclipse.org/downloads/。

Eclipse 分为多个版本，本书使用的是 Eclipse IDE for Java EE Developers 32 位版。

在 Eclipse Downloads 界面选择 Windows 32 Bit 之后进入下载页面，单击[China] Actuate Shanghai (http)开始下载，如图 4-2 所示。

下载过程需要 10～30min。

4.2.2 运行

Eclipse 不需要安装，直接就可以运行。将下载的 eclipse-jee-kepler-R-win32.zip 解压缩，得到如图 4-3 所示的目录结构。

双击 eclipse.exe 启动程序，如图 4-4 所示。

图 4-1　Java EE Developers

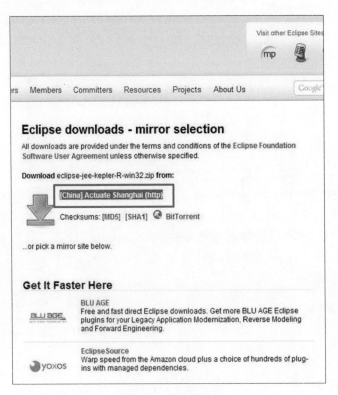

图 4-2　开始下载

图 4-3　Eclipse 的目录结构

图 4-4　启动界面

　　启动界面显示当前 Eclipse 的版本是 KEPLER。首次启动会让用户选择工作目录。这个目录就是以后源代码的存放位置。下方的复选框建议选中，这样新建一个工程项目时就会默认放在这个目录中，如图 4-5 所示。

　　首次启动会显示欢迎界面，如图 4-6 所示。

　　单击左上角的"×"按钮关闭欢迎界面，就可以看到 Eclipse 的主界面了，如图 4-7 所示。关于 Eclipse 的详细说明请阅读本书 4.3 节。前面曾讲过，Eclipse 有许多强大的插件可供安装，下面安装一个专门用于 leJOS 开发的插件。这个插件可以方便编译和上传你的程序。

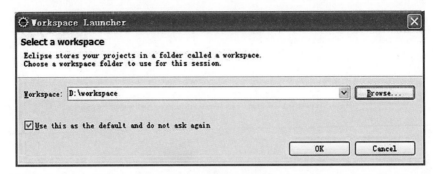

图 4-5　选择工作目录

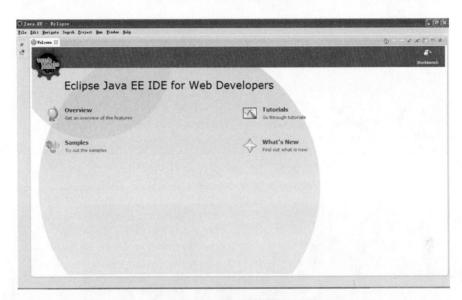

图 4-6　首次启动界面

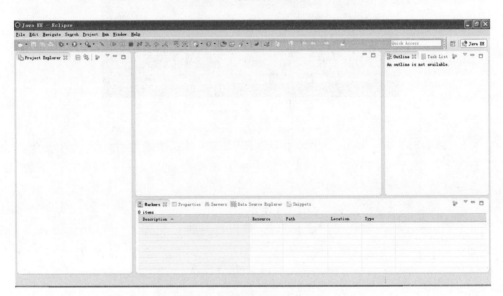

图 4-7　新安装的 Eclipse IDE

4.2.3 安装 NXT 插件

接下来给 Eclipse 安装 NXT 插件（Plug-in for Eclipse）。单击"Help"→"Install New Software"，打开插件安装界面，如图 4-8 所示。

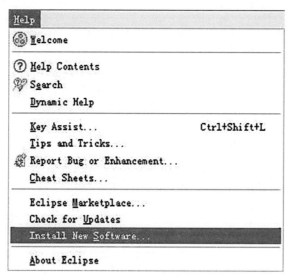

图 4-8　安装插件

在插件安装界面的 Work with 文本框中输入 LeJOS - http://lejos.sourceforge.net/tools/eclipse/plugin/nxj/，然后按 Enter 键，如图 4-9 所示。或单击后面的 Add 按钮，在新弹出的窗口输入以下内容（见图 4-10）。

图 4-9　Pending 表示正在查找

Name：LeJOS

Location：http://lejos. sourceforge. net/tools/eclipse/plugin/nxj/

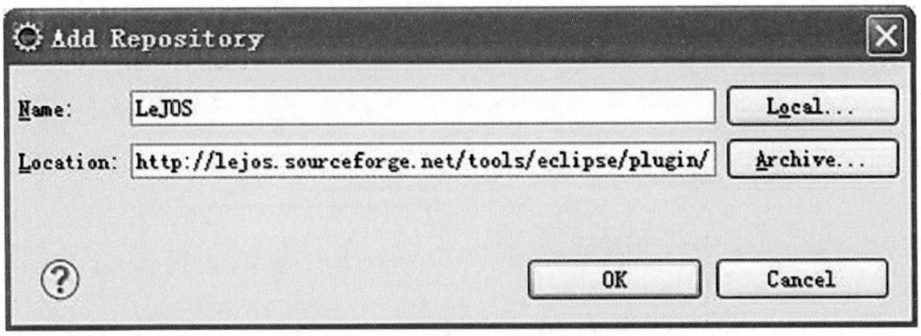

图 4-10　新增或修改数据源

稍后在下面的选择框出现可供安装的插件，如图 4-11 所示。

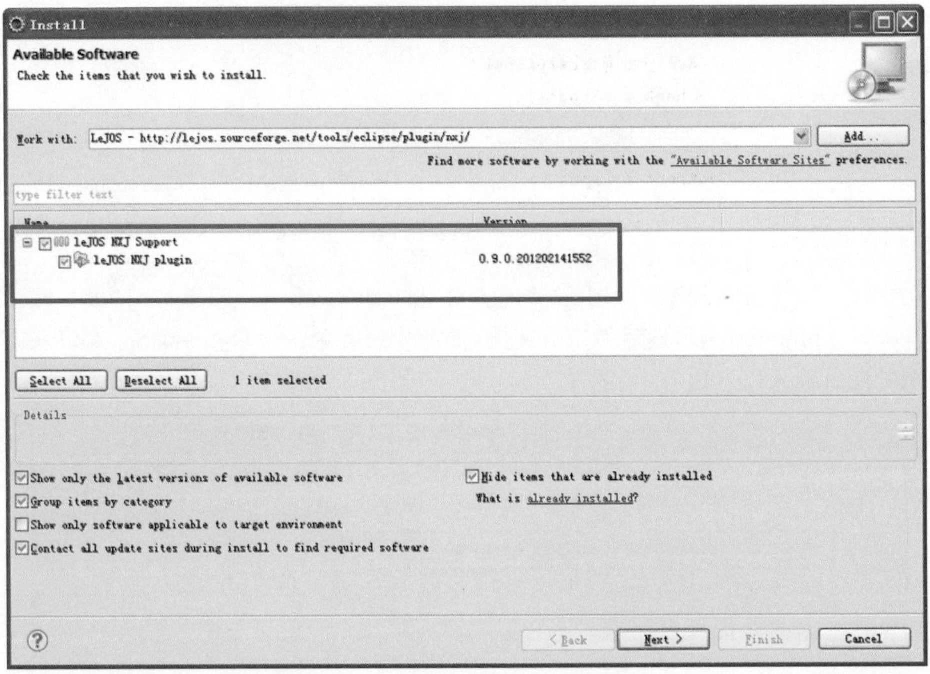

图 4-11　在列表中选中全部复选框

全部选中复选框，然后单击 Next 按钮继续，如图 4-12 所示。

选中 I accept the terms of the license agreement 单选按钮，单击 Finish 按钮开始下载和安装插件，如图 4-13 所示。

选择整个过程视网速而定，需要 5～15min，如图 4-14 所示。

安装完成后，会弹出提示要求重启 Eclipse。单击 Yes 按钮，如图 4-15 所示。

重启完毕，插件安装成功。现在菜单栏中会出现 leJOS NXJ 菜单，如图 4-16 所示。

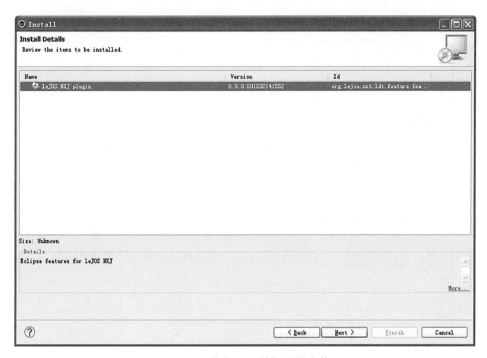

图 4-12 单击 Next 按钮继续安装

图 4-13 接受许可

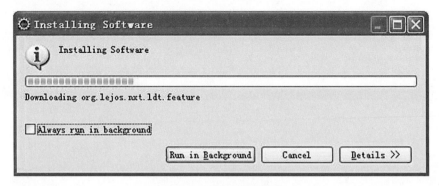

图 4-14　开始下载和安装

图 4-15　重启 Eclipse

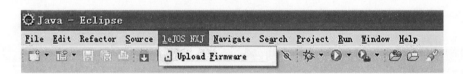

图 4-16　成功安装 leJOS 插件

4.3　Eclipse 开发环境介绍

4.3.1　界面

Eclipse 的主界面分为几个部分：菜单栏、工具栏、项目列表、编辑区、任务列表、大纲、编译信息等，如图 4-17 所示。

左侧的项目列表列出了所有的项目名称。编辑区用来编辑代码，也就是我们写代码的地方。右侧的大纲区显示当前源代码的类结构。下方区域显示各种辅助信息，一般包括程序中出现的错误信息（Problems）、控制台输出（Console）和日志信息（LogCat）等。

4.3.2　菜单

1. File（文件菜单）

文件菜单可以新建、保存、关闭、导入、导出项目，如表 4-1 所示。

菜单栏——
工具栏——

图 4-17　Eclipse 主界面

表 4-1　文件菜单

名　称	功　能	名　称	功　能
New	新建 Java 文件或项目	Refresh	刷新工作区
Open File	打开已有文件	Print	打印
Close	关闭当前编辑窗口	Switch workspace	切换不同的工作区
Close All	关闭所有编辑窗口	Restart	重新启动 Eclipse
Save	保存	Import	导入(文件、项目)
Save As	另存为	Export	导出(文件、项目)
Revert	撤销编辑操作	Properties	项目属性
Move	移动资源(文件、项目)	Exit	退出 Eclipse
Rename	重命名资源(文件、项目)		

2. Edit（编辑菜单）

编辑菜单可以操作编辑区中的内容，如表 4-2 所示。

表 4-2　编辑菜单

名　称	功　能	名　称	功　能
Undo	撤销最近的变更	Copy Qualified Name	复制完整文件名
Redo	恢复变更	Paste	粘贴
Cut	剪切	Delete	删除
Copy	复制	Select All	全选

名　称	功　能	名　称	功　能
Expend Selection To	扩展选择范围	Incremental Find Previous	增量搜索上一个
Enclosed Element	外层的元素	Add Bookmark	添加书签
Next Element	下一个元素	Add Task	添加任务
Previous Element	上一个元素	Smart Insert Mode	智能插入模式
Restore Last Selection	恢复上一次的选择	Show Tooltip Description	显示工具栏提示信息
Find/Replace	查找/替换	Content Assist	内容助手
Find Next	搜索下一个	Word Completion	自动完成单词
Find Previous	搜索上一个	Quick Fix	快速修正
Incremental Find Next	增量搜索下一个	Set Encoding	设置编码格式

3. Refactor（重构菜单）

重构指令也可以在 Java 编辑窗口中右击找到，如表 4-3 所示。

表 4-3　重构菜单

名　称	功　能
Rename	重命名
Move	移动
Change Method Signature	变更方法特征符
Extract Method	提取方法
Extract Local Variable	提取局部变量
Extract Constant	提取常量
Inline	内联
Convert Local Variable to Field	将局部变量转换为字段
Convert Anonymous Class to Nested	将匿名类转换为嵌套类
Extract Superclass	提取超类
Extract Interface	提取接口
Use Supertype Where Possible	尽可能使用超类型
Push Down	下推
Pull Up	上拉
Extract Class	提取类
Introduce Parameter Object	引入参数对象
Introduce Indirection	引入间接
Introduce Factory	引入工厂
Introduce Parameter	引入参数
Encapsulate Field	封装字段
Generalize Declared Type	通用化已声明的类型
Infer Generic TypeArguments	推断通用类型参数
Migrate Jar File	迁移 Jar 文件
Create Script	创建脚本
Apply Script	应用脚本
History	历史记录

4. Source（源码菜单）

源码菜单可以操作编辑区内的源代码，灵活使用其中的功能可以使代码更加整洁，如表 4-4 所示。

表 4-4　源码菜单

名　　称	功　　能
Toggle Comment	注释或取消注释当前行
Add Block Comment	注释所选区域
Remove Block Comment	取消注释所选区域
Generate Element Comment	注释指定内容
Shift Right	向右缩进
Shift Left	向左缩进
Correct Indentation	调整缩进
Format	格式化代码
Format Element	格式化元素
Add Import	添加导入
Organize Imports	管理导入
Sort Members	对成员排序
Clean Up	清理
Override/Implement Methods	重写/实现方法
Generate Getter andSetter	生成 Getter 和 Setter 方法
Generate Delegate Methods	生成代理方法
Generate toString()	生成 toString 方法
Generate hashCode()and equals()	生成 hashCode 和 equals 方法
Generate Constructor using Fields	通过字段生成构造函数
Generate Constructorsfrom Superclass	通过超类生成构造函数
Surround With	包围
Externalize Strings	将字符串提取为外部字符串
Find Broken Externalized Strings	查找错误的外部化字符串

5. Navigate（导航菜单）

导航菜单可以查找及浏览工作区域内的内容，如表 4-5 所示。

表 4-5　导航菜单

名　　称	功　　能
Go Into	进入
Go To	跳转
Back	后退
Forward	前进

名　　称	功　　能
Up One Level	上一级别
Type	类型
Package	包
Resource	资源
Previous Member	上一个成员
Next Member	下一个成员
Matching Bracket	匹配括号
Open Declaration	打开定义
Open Type Hierarchy	打开类型层次
Open Call Hierarchy	打开调用层次
Open Hyperlink	打开超链接
Open Implementation	打开实现
Open SuperImplementation	打开超实现
Open Attached Javadoc	打开附加的 Java 文档
Open from Clipboard	从剪贴板打开
Switch Source/DesignEditors	切换源代码/设计视图
Open Type	打开类型
Open Type In Hierarchy	在层次结构中打开类型
Open Resource	打开资源
Open Task	打开任务
Activate Task	活动的任务
Deactivate Task	不活动的任务
Show In Breadcrumb	按路径查看
Show In	显示
History	在历史记录中显示
Navigator	在导航栏显示
Project Explorer	在项目管理栏显示
Properties	在属性栏显示
Quick Context View	快速内容查看
Quick Outline	快速大纲
Quick Type Hierarchy	快速类型层次
Next	下一个
Previous	上一个
Last Edit Location	最后编辑位置
Go to Line	跳转行
Back	后退
Forward	前进

6. Search（查找菜单）

查找菜单包含搜索的相关功能，如表 4-6 所示。

表 4-6　查找菜单

名　称	功　能	名　称	功　能
Text	文本	Java	Java 功能
Workspace	在工作区查找文本	Remote	远程
Project	在项目中查找文本	References	引用
File	在文件中查找文本	Declarations	声明
Workings Set	在工作集中查找文本	Implementors	实现
Occurrences in File	在文件中出现的位置	Read Access	可读
Search	查找	Write Access	可写
File	文件		

7. Project（项目菜单）

项目菜单可以对工作区中的项目进行编译，如表 4-7 所示。

表 4-7　项目菜单

名　称	功　能	名　称	功　能
Open Project	打开项目	Clean	清理
Close Project	关闭项目	Build Automatically	自动生成
Build All	全部生成	Generate Javadoc	生成 Java 文档
Build Project	生成项目	Properties	属性
Build Workings Set	生成工作集		

8. Run（运行菜单）

运行菜单可以设置断点、执行程序、查看运行结果，如表 4-8 所示。

表 4-8　运行菜单

名　称	功　能	名　称	功　能
Run	运行	Remove All Breakpoints	移除所有断点
Debug	调试	Add Java Exception Breakpoint	添加 Java 异常断点
Run History	运行记录	Add Class Load Breakpoint	添加类载入断点
Run As	运行方式	All References	所有引用
Run Configurations	运行设置	All Instances	所有实例
Debug History	调试历史	Instance Count	实例计数
Debug As	调试方式	Watch	查看
Debug Configurations	调试设置	Inspect	检查
Toggle Breakpoint	切换断点	Display	显示
Toggle Line Breakpoint	切换行断点	Execute	执行
Toggle Method Breakpoint	切换方法断点	Force Return	强制返回
Toggle Watchpoint	切换监视点	Step into Selection	单步执行
Skip All Breakpoints	忽略所有断点	Externakl Tools	外部工具

9. Windows（窗口菜单）

窗口菜单可以显示、隐藏工作区域的功能视图和快捷按钮，如表 4-9 所示。

表 4-9　窗口菜单

名　称	功　能	名　称	功　能
New Window	新窗口	Save Perspective As	透视图另存为
New Editor	新编辑区	Reset Perspective	重置透视图
Hide Toolbar	隐藏工具栏	Close Perspective	关闭透视图
Open Perspective	打开透视图	Close All Perspectives	关闭所有透视图
Show View	显示视图	Navigation	导航
Customize Perspective	自定义透视图	Preferences	选项

10. Help（帮助菜单）

帮助菜单提供软件的使用说明如表 4-10 所示。

表 4-10　帮助菜单

名　称	功　能	名　称	功　能
Welcome	打开欢迎页面	Report Bug or Enhancement	报告异常和建议
Help Contents	帮助内容	Cheat Sheets	摘要
Search	查找	Eclipse Marketplace	Eclipse 市场
Dynamic Help	动态帮助	Check for Updates	检查更新
Key Assist	快捷键	Install New Software	安装新软件
Tips and Tricks	提示和技巧	About Eclipse	关于 Eclipse

4.4　第一个程序：HelloNXT

当 Java JDK、leJOS 和 Eclipse 都安装完毕后，就可以开始编写第一个程序 HelloNXT 了。

4.4.1　新建、编译和运行

leJOS 提供了两种类型的项目：一种运行在 PC 上；另一种运行在 NXT 主机上。运行在 PC 上的项目，主要是用来远程控制 NXT 机器人，相关的内容将会在第 10 章作详细介绍。而运行在 NXT 端的项目在 PC 上是不能启动或调试的，必须要上传到 NXT 主机才能够运行。所以第一步请确认你的 NXT 已经通过 USB 数据线与 PC 建立了连接。

1. 新建一个 NXT 项目

在 Eclipse 中选择 File→New→LeJOS NXT Project 菜单命令，新建一个项目，如图 4-18 所示。

打开"新建项目"对话框。在 Project name 文本框中填写项目名称 HelloNXT。项目名称要尽量避免使用中文和空格。Use default location 复选框是项目文件在磁盘上的存

222222222222222222222222222222222

222222

222222222

放位置,默认选中,如图 4-19 所示。

图 4-18　新建 NXT 项目

图 4-19　填写项目名称

直接单击 Finish 按钮完成,新建项目的名称出现在左侧的工作区内,如图 4-20 所示。

图 4-20　项目名称 HelloNXT 已存在

2. 新建 HelloNXT 类

项目是用来管理所有资源的,而要实现具体功能,就需要新建一个类,并在类文件中编写代码。一个 HelloNXT 项目可以包含很多个类,用来完成不同的功能。下面新建一个 HelloNXT 类。

在 HelloNXT 文件夹上右击,在弹出的快捷菜单中选择 New→Class 命令新建一个类文件,如图 4-21 所示。

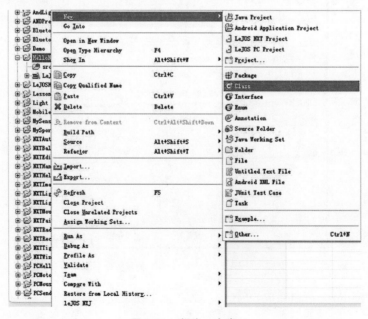

图 4-21　新建一个类

弹出新建类对话框。在 name 文本框中填写类名称,这里叫做 HelloNXT,当然也可以叫做 Hello 或 HelloWorld,注意名称尽量避免使用中文和空格。下面 public static void main 复选框和 Inherited abstract methods 复选框被选中,如图 4-22 所示。

图 4-22　类的名称

单击 Finish 按钮,新建的类被添加在 HelloNXT 项目的 src 文件夹下,如图 4-23 所示。

图 4-23　类被添加到项目里

Java 中的类对应的是 ＊.java 文件，在 src 目录下出现的 HelloNXT.java 就是刚才添加的类。右侧编辑区显示的是这个文件中的内容，具体如下：

```java
public class HelloNXT {
    public static void main(String[] args) {
        //TODO Auto-generated method stub
    }
}
```

因为刚才选中了 public static void main 复选框，所以在新建文件时自动生成了 main() 方法。现在这个 main() 方法中不包含任何代码，接着来完成这部分内容，让程序在屏幕上显示文字 HelloNXT。完成后的文件代码如下：

```java
import lejos.nxt.Button;

public class HelloNXT {
    public static void main(String[] args) {
        System.out.print("HelloNXT");
        Button.waitForAnyPress();
    }
}
```

3. 运行程序

刚才已经完成了一段完整的 leJOS 代码，现在可以运行它了。请确认你的 NXT 已经与 PC 连接，并且 NXT 电源处于开启状态。在项目名称上右击，在弹出的快捷菜单中选择 Run as→LeJOS NXT Program 命令，如图 4-24 所示。

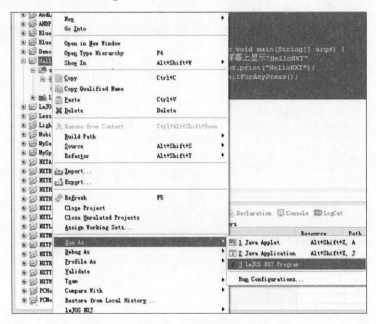

图 4-24　运行程序

HelloNXT 程序需要经过编译、链接、上传等几个步骤,这些都是由编译器自动完成的。在 Console 选项卡中可以看到当前状态,如图 4-25 所示。

几秒钟之后,NXT 主机发出一个提示音,程序运行成功,在 LCD 屏幕上输出了运行结果,如图 4-26 所示。

图 4-25　正在链接、上传程序

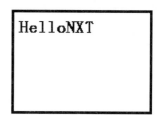

图 4-26　运行结果

按动任意按钮结束程序,回到 NXT 的主菜单。

💡 **注意**:也可以在 Eclipse 的工具栏中单击 ▶ 按钮来启动程序。

4.4.2　读懂 leJOS 程序

在 4.4.1 小节已经成功运行了第一个程序——HelloNXT,下面来分析程序。通过分析,可以学习到编程的基本技巧。在编写自己的代码之前,先要学会读懂别人的程序。当你能够看明白别人的 leJOS 程序,了解每行代码的含义,就会知道如何编写自己的程序了。

先看一下刚才运行过的程序 HelloNXT。这个程序的功能很简单,就是把一行文字输出在 NXT 主机的屏幕上。

```
1. import lejos.nxt.Button;
2.
3. public class HelloNXT {
4.     /*
5.      * 主函数
6.      */
7. public static void main(String[] args) {
8.         //在 NXT 屏幕上显示"HelloNXT"
9.         System.out.print("HelloNXT");
10.        //等待任意键按下
11.        Button.waitForAnyPress();
12.    }
13. }
```

编译成功后,上传并运行程序,NXT 屏幕显示运行结果:HelloNXT。下面借助这个例子来学习编写 leJOS 代码的基本格式。

Ⅰ.语句

每条语句必须以分号结尾,这代表一个语句的完结。至于是否把一个语句放在多行

或者多个语句放在一行上书写并无限制。不过习惯上通常将一个语句单独放在一行。下面两种书写方式都是正确的。

```
public static void main(String[] args) {
    //两个语句放在一行
    System.out.print("HelloNXT");Button.waitForAnyPress();
}
```

或者写成这样的形式：

```
public static void main(String[] args) {
    //  一个语句放在两行
    System.out.print(
            "HelloNXT");
    Button.waitForAnyPress();
}
```

在第二段代码中，把一对小括号中的内容分写在两行，这与同写在一行是等价的。因为一条语句的结束仅以分号作为标识。同理，下面这行代码：

```
public class HelloNXT {
```

其实并不代表语句的结束，它与第 13 行代码的半个大括号组成一对完整的括号，所以这句代码的完结是在第 13 行，应该在第 13 行的右大括号"}"后面跟一个分号";"表示语句结束。但是大括号是一个比较特殊的符号，它表示一个代码段，后面不需要加分号。

关于分号，leJOS 还允许这样使用：

```
System.out.print("HelloNXT");
```

多余的分号表示空白语句，编译器并不会报错，因为它是符合语法规定的，在某些情况下有特殊的含义。

2. 注释

注释就是对代码语句的说明。原则上，注释越详细越好。本书中的所有例子都有详细的注释，便于读者阅读。读者以后编写程序，也应该本着方便自己和他人阅读的原则，对代码添加注释。leJOS 中的注释分为以下两种。

```
//单行注释
/* 多行注释 */
```

单行注释和多行注释都可以出现在代码段的任意位置，区别在于单行注释会将"//"符号之后的所有本行内容作为注释，而多行注释"/**/"既可以注释多行代码，又可以注释一行代码其中的一部分，例如：

```
System.out.print("HelloNXT");                    /* 注释一个句子中的部分内容 */
```

3. import 语句

import 语句的作用是引入 Java 的包。包就是一套功能相近的类和接口的集合。要想操作按钮,就需要调用按钮类,而按钮类位于 lejos.nxt 这个包。所以操作按钮的第一步就是引入 lejos.nxt 包:

```
import lejos.nxt.*;
```

星号(*)表示引入这个包下的所有类,也可以只引入 Button 类:

```
import lejos.nxt.Button;
```

关于类的详细解释,请阅读 5.7 节。

4. 声明 HelloNXT 类

面向对象语言的核心是类。Java 语言的所有"有效代码"都应该在类中书写。编写 Java 程序的过程,其实就是创建类的过程。定义类的格式如下:

```
修饰符 class 类名称 {}
```

例如:

```
public class HelloNXT {}
```

修饰符是 public,class 是类关键字,类名称是 HelloNXT,注意名称是由大小写英文字母或下划线"_"组成。虽然名称是任意的,但是要遵守两个规则:

(1) 类的名称必须和 leJOS 源文件的名称一致,例如,源文件名称是 HelloNXT. java,类名称必须是 class HelloNXT。

(2) 名称中不能包含空格,如 Hello NXT 是错误的。

5. main 方法

main 方法是一段代码的集合,通常用来完成某个特定的功能,如 Math.abs() 方法用来计算一个数字的绝对值。

main() 方法是一个特殊的方法,它是整个程序的入口方法。这个方法在程序启动时自动调用。还可以编写其他的方法,但是它们不会被程序自动调用。下面这段代码中有两个自定义的方法:SayHello() 和 WaitPress(),当 main 方法运行时,它们被分别调用。

```
import lejos.nxt.Button;

public class HelloNXT {
    /*
     * main 方法自动调用
     */
    public static void main(String[] args) {
        //SayHello 方法和 WaitPress 方法需要在 main 方法中调用
```

```
        SayHello();
        WaitPress();
    }

    private static void SayHello() {
        //在 NXT 屏幕上显示"HelloNXT"
        System.out.print("HelloNXT");
    }

    private static void WaitPress() {
        //等待任意键按下
        Button.waitForAnyPress();
    }
}
```

6. Systemoutprint 方法

System.out.print 方法的作用是在屏幕上显示文字。关于屏幕显示的详细内容,请阅读 6.1 节。

注意:

- 为了便于他人阅读,一般编写代码时还是要一个句子占用一行。
- 良好的注释可以使代码的可读性大大增加。
- 在使用别人的代码时,不要忘记在代码顶部添加 import 语句。
- 在使用别人的代码时,请注意类名称必须与源文件名称一致。

4.5 小 结

Eclipse 是一款功能强大的编译器。通过不同的插件配置,可以搭建出适应不同需求的开发环境。编译器的主要作用包括源文件管理、语法检查、单词着色、编译和执行等功能。下面章节介绍的例子都是在本章搭建的 Java+leJOS 环境下开发的。在本书第11章将进一步介绍使用 Eclipse 搭建安卓开发环境。

第5章 编程的基础知识

leJOS 是建立在 Java 语言的基础之上,所以它的语法就是 Java 的语法。本章讲解 leJOS 编程的基础知识,也就是讲解 Java 语言的基础语法。其主要内容包括 Java 的数据类型、运算符、流程控制语句等。在本章的最后一节还简单介绍了面向对象编程的基础知识。

5.1 数据类型

程序要运行,就离不开数字或字符以及对它们的操作。这些数字或字符的类型就是数据类型。Java 中的数据类型分为基本数据类型和引用数据类型。基本数据类型有 8 个,分别是 byte、short、int、long、float、double(这 6 个称为数值型)、char(字符型)和 boolean(布尔型)。引用数据类型有 3 个,分别是类、接口和数组。基本数据类型的关系如图 5-1 所示。

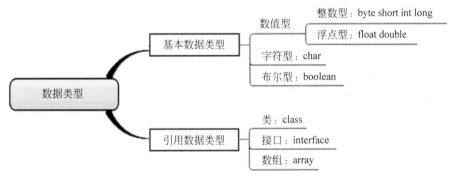

图 5-1　**数据类型**

本章首先讲解基本数据类型和类型转换,引用数据类型在本章后面的小节讲解。

5.1.1 基本数据类型

数值型基本数据类型有 6 种,它们所占用的存储空间和能表示的数值大小是不同的,详细情况见表 5-1。

数值型一般用于计数和保存计算结果,通常 int 型就足够大了。数学中的小数在编程语言中就是浮点数(float)和双精度浮点数(double),两者的范围取值不同。

表 5-1 **数值型**

关键字	名 称	存储空间	取 值 范 围
byte	字节	8 位	$-128 \sim 127$
short	短整型	16 位	$-32768 \sim 32767$
int	整型	32 位	$-2^{31} \sim 2^{31}-1$
long	长整型	64 位	$-2^{63} \sim 2^{63}-1$
float	浮点型	32 位	$-3.402823 \times 10^{38} \sim 3.402823 \times 10^{38}$
double	双精度型	64 位	$-1.7977 \times 10^{308} \sim 1.7977 \times 10^{308}$

字符型(char)用来表示字符,如 A、B。

布尔型(boolean)用来表示真假,通常用作判断条件。它的值只能是 true 或 false。注意,在 Java 中,不可以使用 0 或非 0 的数值来代替 true 和 false。

5.1.2 类型转换

Java 中的数据类型转换分为强制转换和自动转换。强制类型转换的格式如下:

(数据类型)转换对象

例如:

```
(int)3.14;                        //结果:3
```

3.14 是浮点数,前面加"(int)"强制转换为整型,这时编译器会丢掉小数点后面的数字,只剩下整数部分 3,这种情况叫做"精度损失"。当高精度数值向低精度数值转换时,就有可能出现这种精度下降的情况;反之低精度向高精度转换时就不会损失精度。数值型数据的精度从低到高如图 5-2 所示。

低精度   高精度

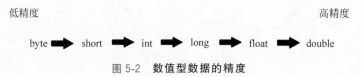

byte ➡ short ➡ int ➡ long ➡ float ➡ double

图 5-2 **数值型数据的精度**

当低精度数据参与高精度数据的运算时,会发生自动数据类型转换,低精度数据自动提升为高精度数据。例如:

```
3.14+10;                          //结果:13.14
```

第二个运算数 10(int)会自动提升为浮点数(float)参与运算,运算结果 13.14 是浮点数。

5.2　变　　量

5.2.1　定义变量

Java 中变量的定义形式如下：

变量类型 变量名称

例如：

```
//定义一个整型变量
int a;
//定义一个浮点型变量
float b;
//定义一个布尔型变量
boolean isReady;
//定义一个字符型变量
char c;
```

Java 中的变量在使用前应该先赋初始值，下面代码在运行时出错。

```
public static void main(String[] args) {
    int a;                              //定义一个整型变量 a
    System.out.print(a);                //显示 a
}
```

执行之后，编译器显示以下错误信息。

```
Exception in thread "main" java.lang.Error: Unresolved compilation problem:
(变量未被初始化)
The local variable a may not have been initialized
```

定义变量时，编译器分配内存空间给变量。但是变量在初始化前是不能参与运算的。初始化就是给变量赋一个初始值，赋值符号是等号"＝"。在 Java 语言中，"＝"用于赋值，如果要比较两个数值是否相等，应该使用双等号"＝＝"。

```
//定义整型变量 a
int a;
//给 a 赋值
a=10;
```

也可以在定义变量的同时赋值。

```
//定义并赋值
int a=10;
```

还可以同时定义多个类型相同的变量并赋值。

```
//定义多个变量
int a, b, c=5, d=10;
System.out.print(a+b);                    //出错
System.out.print(c+d);                    //结果 15
```

5.2.2 变量的作用域

变量的作用域就是变量在哪段代码内有效。根据作用域不同，变量又分为全局变量和局部变量。在函数体外部定义的变量称为全局变量，在函数体内部定义的变量称为局部变量。

```
public class Code5 {
    //全局变量
    static int a=10;

    public static void main(String[] args) {
        //局部变量
        int b=20;
    }
}
```

局部变量的作用域只在函数内部。在上面的代码中 b 是局部变量，只能够在 main()函数内访问；而 a 是全局变量，它的作用域是当前类，所以既可以在 main()函数中访问，也可以在其他函数中访问。

```
public class Code5 {
    //全局变量
    static int a=10;

    public static void main(String[] args) {
        //局部变量
        int b=20;
        //调用其他方法
        PrintResult();
    }

    //输出 a 和 b 的值
    static void PrintResult() {
        //全局变量的作用域是整个类
        System.out.print(a);
        //局部变量只能在 main()函数内部访问
        System.out.print(b);                    //出错
    }
}
```

运行程序,编译器会告诉我们 b 不是一个有效的变量。

```
Exception in thread "main" java.lang.Error: Unresolved compilation problem:
(b 不是一个有效的变量)
b cannot be resolved to a variable
```

通常,在同一个函数内部是不允许对一个变量多次定义的。但是,有 for、while 等循环语句时例外。

```java
public static void main(String[] args) {
    int a=10;
    int a=20;                               //错误,a 不能重复定义
    //输出 0~23
    for (int i=0; i<24; i++) {
        System.out.print(i);
    }
    //输出 0~59
    for (int i=0; i<59; i++) {
        //正确,i 可以重复定义
        System.out.print(i);
    }
}
```

在上面的例子中,对变量 a 进行重复定义是错误的,但是对变量 i 的重复定义是正确的。因为变量 i 的作用域仅限于 for 语句内部,语句执行完毕,变量就被销毁了。到了第二个 for 语句,变量重新被定义并初始化,所以程序不会出错。在 for 语句内部定义的变量也是同样道理。

```java
//输出 0~23
for (int i=0; i<24; i++) {
    int n=1000;
    System.out.print(i);
}
int n=10;                                   //正确
```

第一个整型变量 n 在 for 语句内部被声明,在 for 语句结束时销毁,不影响对 for 语句外变量 n 的定义。

　　注意:变量命名应该尽可能便于理解其含义。

5.3　数组和字符串

数组属于引用数据类型,它和数学上的数组是一个概念,用于记录成组数据。

5.3.1　声明数组

格式:

```
数据类型 [] 数组名称
```

数组在声明时就分配内存空间,所以在声明时要包括元素的数据类型和元素个数。例如:

```
//声明数组
int[] a=new int[3];
```

或

```
//声明数组
int a[]=new int[3];
```

这行代码的含义是定义一个类型是 int 型的数组,里面包含 3 个元素。注意,中括号"[]"可以写在变量名称前,也可以写在变量名称后。推荐写在变量名称前,可以直观地理解为"int 型数组 a"。

5.3.2 使用数组

I. 赋值

数组同其他变量一样,可以在声明的同时赋值。这时不用指定数组大小,编译器会根据初始值自动分配内存空间。例如:

```
//声明数组并赋值
int[] a=new int[] { 4, 5, 6 };
```

也可以先声明后赋值。但是必须指定数组大小。

```
//声明数组
int[] a=new int[3];
//赋值
a[0]=4;
a[1]=5;
a[2]=6;
```

声明数组时,int[3]表示数组大小为 3,即数组包含 3 个 int 型数据。赋值时,a[0]=4 表示数组的第 0 个元素的值是 4。数组中元素的索引是从 0 到数组大小减 1,通过变量名后面的中括号来指向索引位置,如图 5-3 所示。

4	5	6
a[0]	a[1]	a[2]

图 5-3 数组示意图

2. 取值

数组的取值同赋值一样,也是通过变量名[索引]的形式,例如:

```
//声明数组
int[] a=new int[] { 2, 3, 5, 7, 11, 13 };
```

```
//取值
System.out.print(a[0]);                    //第 1 个元素
System.out.print(a[1]);                    //第 2 个元素
System.out.print(a[2]);                    //第 3 个元素
System.out.print(a[3]);                    //第 4 个元素
System.out.print(a[4]);                    //第 5 个元素
System.out.print(a[5]);                    //第 6 个元素
```

5.3.3　length 属性

数组有一个 length 属性，其作用是返回数组长度。例如：

```
public static void main(String[] args) {
    //声明数组
    int[] a=new int[] { 2, 3, 5, 7, 11, 13 };
    int b=a.length;
    System.out.print(b);                   //结果:6
}
```

这个属性通常与 for 语句配合使用，用来遍历数组中的所有元素。关于 for 语句的用法请阅读 5.6 节。下面的代码遍历并输出数组 a 中的元素。

```
public static void main(String[] args) {
    //声明数组
    int[] a=new int[] { 2, 3, 5, 7, 11, 13 };
    int b=a.length;

    for (int i=0; i<b; i++) {
        //依次输出数组中的所有元素
        System.out.println(a[i]);
    }
}
```

运行结果如图 5-4 所示。

5.3.4　二维数组

前面所讲的数组只能存储一组同一类型的数据，称为一维数组。二维数组可以存储多组相同类型的数据，并允许以［行］［列］的形式访问其中的所有元素，如图 5-5 所示。

2
3
5
7
11

图 5-4　运行结果

	列1	列2	列3	列4
行1	1	2	3	4
行2	5	6	7	8
行3	9	10	11	12

图 5-5　二维数组

数据类型[][] 数组名称

例如：

```
//声明二维数组
int[][] a=new int[3][4];                    //3行 4列
```

同样，也可以在定义数组的同时给数组赋值。

```
//声明二维数组并赋值
int[][] a=new int[][] { { 1, 2, 3, 4 }, { 5, 6, 7, 8 },{ 9, 10, 11, 12 } };
```

使用时，要通过索引指定元素所在的行和列。

```
//声明二维数组
int[][] a=new int[][] { { 1, 2, 3, 4 }, { 5, 6, 7, 8 },{ 9, 10, 11, 12 } };
                                        //3行 4列
System.out.print(a[0][0]);              //第 1 行第 1 个元素
System.out.print(a[0][1]);              //第 1 行第 2 个元素
System.out.print(a[0][2]);              //第 1 行第 3 个元素
System.out.print(a[0][3]);              //第 1 行第 4 个元素
```

运行结果如图 5-6 所示。

```
1 2 3 4
```

图 5-6　运行结果

同样，二维数组也可以使用 for 语句配合 length 属性遍历其中所有元素的值。

```
public static void main(String[] args) {
    //声明二维数组
    int[][] a=new int[][] { { 1, 2, 3, 4 }, { 5, 6, 7, 8 },{ 9, 10, 11, 12 } };
                                        //3行 4列
    for (int i=0; i<a.length; i++) {
        for (int j=0; j<a[i].length; j++) {
            //输出 i 行 j 列的元素
            System.out.print(a[i][j]);
            //输出一个空格
            System.out.print(" ");
        }
        //输出一个换行符
```

```
System.out.print('\n');
    }
}
```

运行结果如图 5-7 所示。

5.3.5 字符串

字符串(String)不属于基本数据类型,它是 Java 中的一个类(Class),用来表示字符序列。同数组一样,它属于引用数据类型。它的值是用双引号(" ")括起来的一串字符,如"HelloNXT"。虽然字符串不是基本数据类型,但是在绝大多数情况下可以把它当作"字符串类型"来使用。

1	2	3	4
5	6	7	8
9	10	11	12

图 5-7 运行结果

定义一个字符串变量可以使用类似于基本数据类型的方式。例如:

```
//方式一
String str="HelloNXT";
```

也可以使用实例化类的方式。例如:

```
//方式二
String str=new String("HelloNXT");
```

任何基本数据类型和字符串运算,结果都是被提升为字符串,例如:

```
//3.14自动转换为字符串
System.out.print("Pi 的值是:"+3.14);
```

加号(+)是连接运算符,表示将两边的运算数连接在一起。3.14(浮点数)自动变为字符串,结果等价于:

```
System.out.print("Pi 的值是:3.14");
```

字符串类还提供了操作字符串的一系列方法,通过这些方法可以对字符串进行复杂的处理。关于方法的概念,请阅读 5.7 节。

1. length 方法

同数组的 length 属性一样,字符串的 length 方法用于返回字符串的长度。例如:

```
String str="HelloNXT";
System.out.print(str.length());                        //结果:8
```

2. contains 方法

contains 方法的作用是查找源字符串中是否包含指定字符串,并返回结果 true 或

false。例如：

```
String str="HelloNXT";
System.out.print(str.contains("x"));                    //结果:false
```

contains 方法是区分字母大小写的。因为"HelloNXT"中并不包含字符(串)"x",所以返回结果是 false。若改为：

```
String str="HelloNXT";
System.out.print(str.contains("o"));                    //结果:true
```

返回结果是 true。因为查找的参数是字符串,所以还可以这样来使用。

```
String str="HelloNXT";
System.out.print(str.contains("ello"));                 //结果:true
```

查找字符串"ello",返回结果是 true。

3. endsWith、startsWith 方法

endsWith、startsWith 方法用于判断源字符串是否以指定字符串结尾或开始,并返回结果 true 或 false。例如：

```
String str="HelloNXT";
System.out.print(str.endsWith("NXT"));                  //结果:true
```

返回结果是 true。

4. equals、equalsIgnoreCase 方法

equals 方法用于比较两个字符串的值是否相等。例如：

```
String str="HelloNXT";
System.out.print(str.equals("HelloNXT"));               //结果:true
```

返回结果是 true。equalsIgnoreCase 方法与 equals 方法的区别是前者比较时不区分字符大小写,也就是说：

```
String str="HelloNXT";
System.out.print(str.equalsIgnoreCase("hellonxt"));     //结果:true
```

返回结果是 true。

5. indexOf 和 lastIndexOf 方法

indexOf 方法用于查找指定字符串在源字符串中的位置,返回结果是整型值。例如：

```
String str="HelloNXT";
System.out.print(str.indexOf("N"));         //结果:5
```

字母"N"在字符串 str 中出现的位置是 5。同数组一样,字符串中的第 1 个字符的索引是 0,如图 5-8 所示。

H	e	l	l	o	N	X	T
0	1	2	3	4	5	6	7

图 5-8　字符串示意图

在程序中,大写字母和小写字母所对应的值是不同的。也就是说,大写的字符"N"不等于小写的字符"n"。如果把两者都转换为整型打印出来,前者的值是 78,后者的值是 110。每一个字符对应的数值可以在 ASCII 表中查询到。

```
System.out.print((int) 'N');          //结果:78
System.out.print((int) 'n');          //结果:110
```

indexOf 方法的返回值是第一个匹配字符出现的位置,lastIndexOf 方法的返回值是最后一个匹配字符出现的位置。

```
String str="HelloNXT";
System.out.print(str.indexOf("l"));          //结果:2
System.out.print(str.lastIndexOf("l"));      //结果:3
```

第一个小写字母"l"出现的位置是 2,最后一个小写字母"l"出现的位置是 3。

6. replace 方法

replace 方法的作用是替换掉指定字符串。例如,把小写字母 ello 替换为大写字母 ELLO,代码如下:

```
String str="HelloNXT";
System.out.print(str.replace("ello", "ELLO"));
```

运行程序,屏幕上显示 HELLONXT。

7. substring 方法

substring 方法可以根据指定位置截取字符串,返回结果是截取后的子字符串。例如:

```
String str="HelloNXT";
System.out.print(str.substring(1));          //结果:elloNXT
```

substring 方法返回的结果是从索引 1 开始到原字符串末尾的子字符串,即 HelloNXT。也可以指定开始位置和结束位置的两个参数。

```
String str="HelloNXT";
System.out.print(str.substring(1, 5));          //结果:ello
```

返回结果是 ello。结合之前学过的 indexOf 方法，可以把"HelloNXT"字符串中的 NXT 字符提取出来。

```
String str="HelloNXT";
System.out.print(str.substring(str.indexOf("N")));        //结果:NXT
```

结果显示："NXT"。

8. toCharArray 方法

toCharArray 方法的功能是将字符串转换为字符数组，它的返回值是一个字符数组。

```
String str="HelloNXT";
char[] chr=str.toCharArray();
System.out.print(chr[0]);
System.out.print(chr[1]);
System.out.print(chr[2]);
System.out.print(chr[3]);
System.out.print(chr[4]);
```

输出结果是"H、e、l、l、o"5 个字符。

9. toLowerCase、toUpperCase 方法

toLowerCase 方法可以将字符串中的所有字母转换为小写字母。例如：

```
String str="HelloNXT";
System.out.print(str.toLowerCase());                      //结果:hellonxt
```

输出结果是"hellonxt"。toUpperCase 方法的作用与 toLowerCase 相反，是将字符串中的所有字母转换为大写字母。

10. trim 方法

trim 方法的作用是清除字符串首尾的一个或多个空格。例如，字符串"HelloNXT"首尾各有几个空格，调用 trim 方法可以返回没有空格的字符串"HelloNXT"。

```
String str="     HelloNXT     ";
System.out.print(str.trim());                             //结果:HelloNXT
```

运行结果："HelloNXT"。

11. split 方法

split 方法可以将原字符串用指定的字符串来分割，返回结果是一个字符串数组（String[]）。

```
String str="Hello,RCX,NXT";
String[] arr=str.split(",");
System.out.print(arr[0]);                 //Hello
System.out.print(arr[1]);                 //RCX
System.out.print(arr[2]);                 //NXT
```

使用逗号"，"来分割原始字符串，得到的结果是 3 个子字符串：Hello、RCX 和 NXT。

5.4　运　算　符

程序中的运算符既包括算术运算符（加、减、乘、除），也包括逻辑运算符（与或非）及其他一些特殊运算符。按照参与运算的操作数个数划分，只有一个操作数的运算符称为一元运算符，需要两个操作数的运算符称为二元运算符，需要多个操作数的运算符称为多元运算符。下面一起来认识一下。

5.4.1　算术运算符

算术运算符同数学上的算术运算是一样的，实现基本的加、减、乘、除功能（见表 5-2）。它们是二元运算符，也就是说，必须有两个操作数参与运算，例如：

```
int a=10, b=20;                       //操作数 1，操作数 2
System.out.print(a+b);                //结果:30
System.out.print(a-b);                //结果:-10
System.out.print(a * b);              //结果:200
System.out.print((float) a / b);      //结果:0.5
```

表 5-2　算术运算符

运　算　符	功　　能
＋，－，＊，/	加，减，乘，除
％	取模
＋＋，－－	自增，自减

取模"％"运算相当于数学上的求余运算：

```
System.out.print(10 %3);              //结果:1
```

自增、自减运算符的作用是对操作数增加 1 或减少 1。这是一个一元运算符，也就是说，参与运算的操作数只有一个，它的用法如下：

```
int a=0;
a++;
System.out.print(a);                  //结果:1
```

这段代码中，a＋＋的作用相当于 a＝a+1。在语法上，＋＋既可以写在变量前面，也可以写在变量后面。它们的作用都是使变量值自增 1。但要注意的是，a＋＋并不总等于＋＋a。当变量要参与其他运算时，＋＋a 表示先自增再运算，a＋＋表示先运算再自增。请仔细阅读下面的代码。

```
public class Code5 {
    public static void main(String[] args) {
        int a=0, b=0;
        System.out.print(a++);              //结果:0
        System.out.print(++b);              //结果:1
    }
}
```

第一个 print 语句的结果说明,变量 a 在自增之前,就先被 print 函数输出了;相反变量 b 是先自增,再被输出到屏幕上去。如果在输出 a＋＋之后再输出一次 a,得到的结果就是 1 了。

```
int a=0, b=0;
System.out.print(a++);                      //结果:0
System.out.print(a);                        //结果:1
```

5.4.2 连接运算符

"＋"用于两个数值型变量时,表示数学上的相加;用于两个字符串变量时,表示把两个字符串拼接成一个字符串(见表 5-3)。

表 5-3 连接运算符

运算符	功　能
＋	连接两个字符串

```
System.out.print("Hello"+"World");          //结果:HelloWorld
```

字符串类可以和任何基本数据类型做连接运算,例如:

```
System.out.print("Hello"+123);              //结果:Hello123
System.out.print("Hello"+'A');              //结果:HelloA
System.out.print("Hello"+true);             //结果:Hellotrue
```

5.4.3 赋值运算符

赋值运算符的作用是将赋值符号"＝"右侧的值赋给左侧的变量(见表 5-4)。之前学习变量的时候已经使用过了。

表 5-4 赋值运算符

运　算　符	功　能
＝	赋值
＋＝,－＝,＊＝,/＝	加等于,减等于,乘等于,除等于

```
int a=10;                                   //a 的值为 10
char b='H';                                 //b 的值为 H
boolean c=true;                             //c 的值为真
```

赋值运算符虽然写法上与数学中的等号"="一样,但是用法却完全不同。请仔细阅读下面的例子。

```java
public static void main(String[] args) {
    //变量赋值
    int a=10;
    if (a==10) {
        System.out.print("a 的值为 10");
    }
}
```

表示相等应该使用双等号"==",如果写成 a=10 意思是再次对 a 赋值为 10,显然是错误的。

＋＝、－＝、＊＝、/＝ 4 个运算符是将赋值符号和运算符号组合在一起的简化写法。它的用法如下:

```
a+=b;                              //等价于 a=a+b;
a-=b;                              //等价于 a=a-b;
```

5.4.4 关系运算符

关系运算符执行的是比较操作,运算结果是一个代表"真"或"伪"的布尔值(见表 5-5)。所以关系运算表达式通常也被称为布尔表达式,它常被用作判断条件,例如:

```java
int a=10, b=10, c=20;
if (a==b) {
    System.out.print("a 等于 b");
}

if (b<c) {
    System.out.print("b 小于 c");
}
```

运行结果:"a 等于 b","b 小于 c"。

表 5-5　关系运算符

运算符	功　　能	运算符	功　　能
＝＝	相等	＞,＞＝	大于,大于等于
!＝	不等	＜,＜＝	小于,小于等于

5.4.5 逻辑运算符

逻辑运算符是二元运算符,参与运算的两个操作数都是布尔型变量(见表 5-6)。逻辑与"&&"表示两侧变量值都为真,结果为真;逻辑或"||"表示两侧变量值其中一个为真,结果为真。具体运算规则见表 5-7。

表5-6　逻辑运算符

运　算　符	功　能	运　算　符	功　能
&&	逻辑与	!	逻辑非
||	逻辑或		

表5-7　真值表

逻辑与(&&)			逻辑或(||)		
变量a	变量b	结果	变量a	变量b	结果
true	true	true	true	true	true
true	false	false	true	false	true
false	true	false	false	true	true
false	false	false	false	false	false

数学上,判断一个数值在某个范围区间,可以写成:$0<x<10$。但是在编程语言中就要用逻辑运算符来表达同样的意思。

```java
//变量
int x=8;
//逻辑与
if (x>0 && x<10) {
    System.out.print("x 在 0-10 之间");
}
//逻辑或
if (x<0 || x>10) {
    System.out.print("x 不在 0-10 之间");
}
```

一个感叹号!(逻辑非)代表自然语言的"否"。逻辑非是一元运算符,也就是说它的操作数只有一个。

```java
String str="HelloNXT";
//如果包含字母 N
if (str.contains("N")) {
    System.out.print("包含 N");
}
//如果不包含字母 Y
if (!str.contains("Y")) {
    System.out.print("不包含 Y");
}
```

输出结果:"包含 N","不包含 Y"。

5.5 条件语句

通常情况下,程序中的代码是顺序执行的,但是遇到条件语句和循环语句时例外。条件语句在执行前会先判断是否符合执行条件,如果条件不满足,就跳过语句内的代码,直接执行后面的代码。

5.5.1 if 语句

格式:

```
if (判断条件) {
    A 代码段
} else {
    B 代码段
}
```

if 关键字之后紧跟一对小括号"()",括号内是判断条件。如果条件为真,就执行 A 代码段;如果条件为假,就执行 B 代码段。程序流程图如图 5-9 所示。

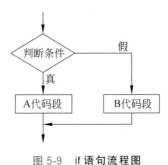

图 5-9 if 语句流程图

if 语句示例:

```
int a=20;
if (a>10) {
    System.out.print("a 大于 10");
} else {
    System.out.print("a 小于等于 10");
}
```

其中,else{}语句可以省略。但是省略后语义就会发生变化。注意看下面这段代码:

```
int a=20;
if (a>10) {
    System.out.print("a 大于 10");
}
```

```
//没有else,这行代码始终执行
System.out.print("a 小于等于 10");
```

因为没有 else 语句,"a 小于等于 10"这行代码始终执行,在这里是错误的。这种情况下,else 语句就不能省略。

else 语句后面还可以继续接 if...else 语句,例如:

```
int a=20;
if (a>20) {
    System.out.print("a 大于 10");
} else if (a==20) {
    System.out.print("a 等于 20");
} else {
    System.out.print("a 小于 20");
}
```

输出结果是"a 小于 20"。如果程序要对同一个条件进行多次判断时,就要使用另一个条件语句 switch 了。

5.5.2 switch 语句

格式:

```
switch (判断条件) {
case a:
    A 代码段
    break;
case b:
    B 代码段
    break;
case c:
    C 代码段
    break;
default:
    N 代码段
    break;
}
```

switch 关键字之后紧跟的小括号内是判断条件。判断条件并不是任意的,只能是整型、字符型、字符串或枚举类型中的一种。小括号后面紧跟的一对大括号内是 switch 语句的主体。每个 case 关键字代表一个分支语句的开始,并与距离它最近的 break 关键字组成一个完整的分支结构。如果所有的 case 语句都匹配失败,就执行 default 语句的内容。流程图如图 5-10 所示。

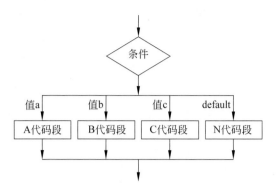

图 5-10　switch 语句流程图

switch 语句代码示例如下：

```java
//左边的 a 是变量,右边的 e 是字符
char a='e';
switch (a) {
case 'a':
    System.out.print("变量值为 a");
    break;
case 'b':
    System.out.print("变量值为 b");
    break;
default:
    System.out.print("变量值未被识别");
    break;
}
```

输出结果：变量值未被识别。break 语句可以省略,但是省略之后意思将发生变化。它表示从上一个 break 语句结束到这个 break 语句,任意一个 case 条件被满足,就要执行这段代码。例如：

```java
int b=5;
switch (b) {
case 1:
case 3:
case 5:
    System.out.print("变量 b 是奇数");
    break;
case 2:
case 4:
case 6:
    System.out.print("变量 b 是偶数");
    break;
}
```

default 语句可以省略。如果没有 default 语句,当所有 case 语句都不匹配时,不执行任何代码。

5.6 循环语句

条件语句是一种顺序结构,程序会不断向下执行,根据条件不同,执行到不同的分支里去。顺序结构的特点是有一个入口和一个或多个出口。循环结构不同,只要满足循环条件,语句内的代码就会不断地重复执行。Java 中的循环结构有 for、while 和 do while 3 种。

5.6.1 for 语句

格式:

```
for (初始条件;判断条件;表达式) {
    代码段
}
```

for 循环是所有循环中最简单的一个,也是使用最频繁的一个。其他两种循环都可以转换成 for 循环。流程图如图 5-11 所示。

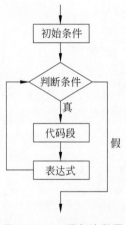

图 5-11 for 语句流程图

for 语句示例如下:

```
for (int i=0; i<10; i++) {
    System.out.print(i);                        //结果:输出 0～9
}
```

输出结果:0～9。虽然 for 语句是一种特殊的语句,但是它的循环条件也是由普通的语句构成。小括号中的内容相当于:

```
int i=0;
if (i<10)
i++;
```

　　这就等价于前面学习过的,定义了一个整型变量 i,并且赋给初值 0。这是整个循环的初始状态。i<10 是循环成立的条件,只要条件满足,循环内的语句就可以重复执行。表达式 i++是每次循环体执行完之后执行的语句,也就是说,每次执行完大括号中的代码段,变量 i 的值增加 1。当循环执行 10 次之后,i 的值是 10,不满足 i<10 的循环条件,循环停止。如果没有特殊要求,循环都应该有明确的结束条件,在满足条件之后跳出循环。

　　这是 for 语句的标准用法。在符合 for 语句语法的前提下,它的表现形式是多样的。例如,循环起始条件也可以在 for 语句外定义。

```
int i=10;
for (; i<20; i++) {
    System.out.println(i);                //结果:输出 10~19
}
```

　　输出结果:10~19。也可以 3 个表达式都在 for 语句外定义:

```
int i=10, j=20, k=30;
for (i=0; j<30; k++) {
    System.out.println(i);                //结果:持续输出 10
}
```

　　输出结果:持续输出 10。这种形式满足 for 循环的语法。循环的初始状态是 i=0,循环条件是 j<30,因为在代码中 j 的值是 20 并且没有改变,所以条件恒成立,循环执行,并且在每次循环体执行完之后执行 k++语句。这个例子只是用于说明 for 循环的书写格式是灵活的,但是并不提倡这种写法。这样的代码逻辑混乱,会大大增加出错的可能性。

　　for 语句还可以嵌套使用。嵌套后的 for 语句,先执行内部的小循环,执行完毕后再执行外部的大循环。

```
//外层循环执行 5 次
for (int i=0; i<5; i++) {
    //内层循环执行 3 次
    for (int j=0; j<3; j++) {
        //输出 i 的值
        System.out.print(i);
    }
    //输出一个换行符
    System.out.print('\n');
}
```

在这段代码中,外层循环从 0~4 执行 5 次,但是每次并不是直接输出结果,而是先执行内层循环,将 i 的值输出 3 次。所以最后运行的结果如图 5-12 所示。

5.6.2　while 语句

格式:

```
while (判断条件)
{
    代码段
}
```

while 语句的作用是当条件成立时,执行循环体内的代码段,流程图如图 5-13 所示。

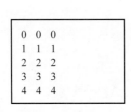

图 5-12　运行结果

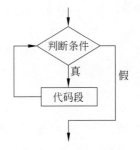

图 5-13　while 语句流程图

while 语句示例如下:

```
//循环条件只能在循环语句外定义
int i=0;
while (i<10) {
    System.out.print(i);        //结果:输出 0~9
    i++;                        //改变条件值
}
```

while 循环同样有循环的初始值、判断条件、循环条件改变语句。与 for 循环不同的是,while 循环的初始条件只能在循环体外部定义。while 语句本身只需要一个判断语句就能符合语法规范,当然为了让循环能够停下来,还需要在循环体内部改变循环条件。如果将 i++ 这句注释删除,那么程序将一直向屏幕输出数字 0。因为 i 的值不增加,始终满足 i<10 这个条件。

由于 while 语句的判断条件是一个布尔表达式的值(实际上 for 语句也是这样),也可以直接用布尔值 true 来作为循环条件:

```
while (true) {
    代码段
}
```

这表示循环始终执行。在某些场合,如实时获取传感器传回的数据时,就要用到这种

"条件恒成立"的循环语句。这种情况下,循环体内的代码段在程序启动时就执行,直到整个程序退出才终止。但是当循环体内出现 break 语句时,可以跳出 while(true)循环,通常用于"始终执行某操作,直到发现/满足某个条件"。

```java
public static void main(String[] args) throws IOException {
    while (true) {
        //读取键盘输入的字符
        char c=(char) System.in.read();
        //如果是 q,则程序退出
        if (c=='q')
            break;
        //显示输入的字符
        System.out.println("输入的字符是:"+c);
    }
    //循环外
    System.out.println("你输入了 q,跳出循环");
}
```

与 break 关键字对应的是 continue。它表示中断当前的循环,直接进入下一次循环。通常用来表示"发现/满足某个条件,不做处理"。

```java
public static void main(String[] args) throws IOException {
    while (true) {
        //读取键盘输入的字符
        char c=(char) System.in.read();
        //如果是 a,b,c,不做处理
        if (c=='a' || c=='b' || c=='c')
            continue;
        //如果是 q,则程序退出
        if (c=='q')
            break;
        //显示输入的字符
        System.out.println("输入的字符是:"+c);
    }
    //循环结束
    System.out.println("你输入了 q,跳出循环");
}
```

这表示如果输入的字符是 a、b、c,则不在屏幕上显示,直接读取下一个字符。

5.6.3 do while 语句

格式:

```
do
{
    代码段
} while (判断条件);
```

do while 语句和 while 语句结构很相似。不同之处在于它的循环体在前,判断条件在后。相当于先做某某事情,做完之后再判断是否满足下一次循环的条件。所以 do while 循环体内的代码段至少被执行一次。流程图如图 5-14 所示。

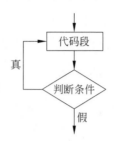

图 5-14　do while 语句流程图

do while 语句示例如下:

```
//循环条件只能在循环语句外定义
int i=0;
do {
    System.out.print(i);            //结果:输出 0~9
    i++;                            //改变条件值
} while (i<10);
```

因为 do while 语句在绝大多数场合都可以被 for 语句和 while 语句代替,所以在实际编程过程中用到它的情况比较少。

5.7　面向对象

Java 是一门面向对象的程序设计语言,Java 编程的主体是对象。面向对象的编程方式区别于 C 语言的面向过程方式,它的思想在于将现实世界中的客观事物抽象出来作为对象,并在对象上附加一组属性和方法。所以编程的过程就是描述客观事物的过程,这种思想更加接近人们日常生活中的思维方式。

面向对象编程的中心是对象、属性和对象上的操作。一辆汽车可以是一个对象,汽车的颜色、尺寸、重量都是它的属性。汽车的操作是前进、后退、左转、右转。有了这些信息,就能完整地描述一辆汽车了。观察的角度不同,对象所包含的内容也不同。对于一个汽车生产厂家,汽车就是它的对象;对于一个轮胎生产厂家,轮胎就是它的对象。一个轮胎同样有属性,如直径、厚度、花纹、材质等。

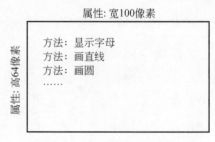

图 5-15　NXT 屏幕的属性和方法

如果把乐高机器人的 LCD 显示屏作为一个对象,那么它的属性就是高和宽,它的操作方法就是显示字母、画直线、画圆等(见图 5-15)。

对象不仅仅包括汽车、LCD 显示器这种具体的物体，它也可以是一个抽象的概念。例如，前面例子中用到的 String str＝"HelloNXT"，这个字符串在程序中同样是一个对象，它的操作方法包括替换（replace）、截取（substring）等。

在 Java 语言中，对象是类（Class）的一个实例，操作就是这个类中的方法（Method），属性通常是类中的成员变量（Field）。Java 编程就是定义类和编写类的过程。接下来介绍如何编写一个类。

5.7.1　类

定义一个类，要用到关键字 class，后面跟类的名称。从这一点看，很像是定义一个变量。下面定义一个汽车的类：

```
class Car
```

在类关键字前，通常还有类修饰符：public、abstract 和 final。在类名之后还有一对大括号，括号内是类的主体，属性（成员变量）和方法都在主体内编写。

格式：

```
public|abstract|final class 类名
{
    [属性]
    [方法]
}
```

例如，曾在 4.4 节编写的 HelloNXT 程序，首先就是定义了一个名为 HelloNXT 的类：

```
public class HelloNXT {
    void main() {                              //方法
    }
}
```

public 修饰符表明这是一个公共类，没有访问限制。abstract 将类声明为抽象类，抽象类不能被实例化，也就是说，不能创建抽象类的对象。final 类说明这个类不能被继承。在学习 leJOS 的过程中，使用 public 修饰符就可以了。

在 HelloNXT 的例子中使用过"Button. waitForAnyPress（）;"这段代码，Button 也是一个类，它的定义是：

```
public class Button
{
    //属性
    public static final int ID_ENTER=0x1;
    public static final int ID_LEFT=0x2;
    public static final int ID_RIGHT=0x4;
```

```
public static final int ID_ESCAPE=0x8;
private static final int ID_ALL=0xf;

//方法
public final boolean isPressed()
{
    return isDown();
}
//方法
public final boolean isDown()
{
    return (readButtons() & iCode) !=0;
}

//方法
public final void waitForPressAndRelease() {
    this.waitForPress();
    int tmp=iCode<<WAITFOR_RELEASE_SHIFT;
    while ((Button.waitForAnyEvent(0) & tmp)==0)
    {
        //wait for next event
    }
}
}
```

Java 提供了一些包含基本功能的类，如 Button、String。具有复杂功能的类就要自己动手编写了。

5.7.2 方法

1.定义

在类的内部定义的方法称为成员方法，简称方法，对对象的操作都是在方法中实现的。定义成员方法的格式如下：

```
可访问性 返回值类型 方法名([参数类型1][参数名1], [参数类型2][参数名2], ...)
{
    方法主体
    [return] [返回值];
}
```

例如，String 类的 substring 方法定义如下：

```
public String substring(int beginIndex, int endIndex) {
    if (beginIndex<0) {
        throw new StringIndexOutOfBoundsException(beginIndex);
    }
    if (endIndex>value.length) {
```

```
        throw new StringIndexOutOfBoundsException(endIndex);
    }
    int subLen=endIndex-beginIndex;
    if (subLen<0) {
        throw new StringIndexOutOfBoundsException(subLen);
    }
    return ((beginIndex==0) && (endIndex==value.length)) ?this: new String
    (value, beginIndex, subLen);
}
```

可访问性是 public(公开)，返回值类型是 String。如果没有返回值，就返回 void 类型。方法名是 substring，后面跟着一对小括号，括号内是参数。这个方法内有两个参数，参数类型是整型(int)，参数名称是 beginIndex 和 endIndex。参数可以是一个或多个，也可以是空的，没有参数。例如，String 类的 length 方法就没有参数。

```
public int length() {
    return value.length;
}
```

在方法内部，最后一行代码的作用是返回方法执行的结果。length 方法的功能是获取字符串的长度，返回值类型是 int，可以直接用来给 int 型的变量赋值。

```
String str="HelloNXT";
int a=str.length();
```

如果返回值类型是 void，表示方法没有返回值，就不需要 return 语句了。例如，HelloNXT 程序的 main 方法，它的返回值类型是 void，就没有 return 语句。

```
public static void main(String[] args) {
```

2. 重载

方法名称相同，参数不同(类型不同或数量不同)称为方法的重载，如 substring 方法有两个重载。

重载 1：

```
public String substring(int beginIndex)
```

重载 2：

```
public String substring(int beginIndex, int endIndex)
```

第 1 个方法有一个参数，第 2 个方法有两个参数，这就是 substring 方法的两个重载。有一个参数的方法，只需要输入子字符串的开始位置，方法就会返回从开始位置到整个字符串结尾位置之间的字符。如果传递两个参数，分别代表开始位置和结束位置，方法就会

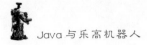

返回从开始位置到结束位置之间的字符。发生重载的方法虽然在使用上略有不同,但是实现的功能是相近的。

3. 构造方法

构造方法是由编译器自动调用的,用户不可直接调用。它只能在类被实例化时调用一次,作用是初始化新创建的对象。构造方法的格式比较特殊,它要求方法名和类名一致,并且无返回值:

```
可访问性 方法名 ([参数类型 1][参数名 1], [参数类型 2][参数名 2], ...)
{
    方法主体
}
```

例如,HelloNXT 类的构造方法可以写为:

```
public HelloNXT() {

}
```

构造方法同样可以重载。不同的重载表明对象的初始化参数不同,如 String 类的构造方法有多个重载。

重载 1:

```
public String()
```

重载 2:

```
public String(String original)
```

重载 3:

```
public String(char value[])
```

重载 4:

```
public String(char value[], int offset, int count)
```

5.7.3 属性

前面的章节已经介绍过关于变量的知识。在函数内部定义的变量叫作局部变量,在类的内部定义的变量叫作成员变量。成员变量也被称为属性。例如,LCD 类中有两个属性:显示屏的宽度和高度。

```
public static final int SCREEN_WIDTH=100;
public static final int SCREEN_HEIGHT=64;
```

5.7.4 对象

类不等价于对象。类是一个抽象的概念,它通过实例化过程创建对象。例如,前面讲过的汽车类 Car,当编写完成之后,可以创建一个汽车对象叫做 CarA,再创建一个汽车对象叫 CarB。创建对象的格式是:

类名 对象名=new 类名([参数 1,参数 2,...])

创建两个汽车类的对象:

```
Car CarA=new Car();                          //汽车对象 A
Car CarB=new Car();                          //汽车对象 B
```

对于汽车的属性和操作,都是在对象上进行的。要打印汽车的长、宽、高,并不是打印汽车类的长、宽、高,而是打印汽车对象 CarA 或 CarB 的长、宽、高。访问对象属性的格式是:

对象名.属性

假如汽车类有一个属性 length(长)和一个属性 width(宽),那么汽车 A 的长、宽和汽车 B 的长、宽分别如下:

```
CarA.length
CarA.width
CarB.length
CarB.width
```

访问类中的方法,格式如下:

对象名.方法名([参数 1,参数 2,...])

假如汽车类有一个方法 Go()和一个方法 Back(),命令汽车 A 前进,汽车 B 后退的代码如下:

```
CarA.Go();
CarB.Back();
```

如果在汽车类中写了前进和后退方法的具体操作,通过调用方法就可以实现相应的功能。在 String 类中,有一个方法是将输入的字符串全部变成小写字母,它的实现过程如下:

```
public String toLowerCase() {
    //创建一个字符数组
    char[] c1=new char[characters.length];
    //遍历数组中的每个元素
```

```
    for (int i=0; i<c1.length; i++) {
        //取出一个元素
        c1[i]=characters[i];
        //如果这个元素是从 A 到 Z 的大写字母
        if (characters[i]>='A' & characters[i]<='Z') {
            //转换为小写字母
            c1[i]+=32;
        }
        //返回转换结果
        return new String(c1);
    }
}
```

使用时,先创建一个 String 对象,然后调用它的 toLowerCase 方法。这个方法参数为空,返回值是字符串,代码示例如下:

```
//创建一个 String 类的对象
String str=new String("HELLO");
//调用方法
str=str.toLowerCase();
```

在实际编程中经常写成 String str = "HELLO",这是因为 Java 提供了简化的写法。当然,String str = "HELLO"并不完全等价于 String str = new String("HELLO"),这部分内容超出了 leJOS 的讨论范围,本书不做介绍。

5.8 小 结

字符串(String)类虽然是 Java 封装的一个类,但是在绝大多数情况下都可以作为一个"数据类型"来使用。它在使用上比字符和字符数组更加方便。关于面向对象编程部分,本书只是简单地讲解了一些基础概念,便于读者后续章节的阅读和理解。如果读者只是用于 leJOS 编程,掌握这些知识就足够了。如果读者想深入了解这方面的知识,请阅读专业的 Java 开发书籍。

第6章 机器人编程

Java 语法是 leJOS 编程的基础。掌握了这些基础知识，接下来就可以开始学习机器人编程了。leJOS 提供了丰富的类和方法来控制 NXT 机器人。本章介绍了屏幕、声音、电动机和按钮的使用方法，在下一章将进一步学习 4 种传感器的使用方法。

6.1 屏幕显示

NXT 的屏幕大小是 $100px \times 64px$，原点位于左上角。当以像素为单位显示时，取值范围是 $0 \sim 99$(x 轴)和 $0 \sim 63$(y 轴)。当以行列为单位显示时，取值范围是 $0 \sim 7$(行)和 $0 \sim 15$(列)。前者多用于绘制图形，后者多用于显示文字，如图 6-1 所示。

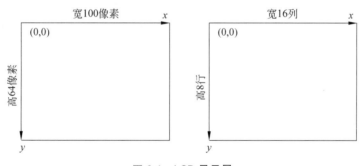

图 6-1　LCD 显示屏

leJOS 支持 Java 的标准输出函数，也支持 Java 中的绘图函数。屏幕显示需要用到的类和方法见表 6-1。

表 6-1　LCD 显示屏支持的类和方法

类和方法	说　　明	类和方法	说　　明
System. out. print()	基本输出函数	LCD	屏幕类
System. out. println()	基本输出函数	Graphics	绘图类

6.1.1　print 方法

1. print

调用 print 方法是最简单的一种输出方式。这是 Java 语言基本的输出方法，用于向屏幕上显示一个或多个字符，见表 6-2。

包：（无）。

方法：

print 方法列表见表 6-2。

表 6-2　print 方法列表

返回值	方　法　名	说　　明
void	print(boolean v)	输出一个布尔值
void	print(char v)	输出一个字符
void	print(char[] v)	输出一个字符数组
void	print(double v)	输出一个双精度浮点数
void	print(float v)	输出一个浮点数
void	print(int v)	输出一个整型数
void	print(long v)	输出一个长整型数
void	print(object v)	输出一个 Object 类型数
void	print(string s)	输出一个字符串

基本用法：

print 方法没有返回值，直接传递参数进去就能调用（见表 6-2）。Java 提供了它的简化写法。

```java
import lejos.nxt.Button;

public class DisplayDemo {
    public static void main(String[] args) {
        //输出一个数字
        System.out.print(100);
        //输出一个字符
        System.out.print('a');
        //输出一个字符串
        System.out.print("Hello");
        //等待任意键按下
        Button.waitForAnyPress();
    }
}
```

在 5.7 节曾讲过，方法名称相同，但是参数不同叫做方法的重载。print 方法有 9 个重载，对应的是 6 种基本数据类型和字符串、字符数组、Object 类型。方法的重载是系统自动调用的，系统根据传递的参数个数和类型调用对应的重载，前提是这个重载要存在。当传递的参数是"a"时，因为这是一个 char 型，所以系统会调用 print(char v)方法。当参数是 100 时，系统会自动调用 print(int v)方法。print 函数的其他用法还有：

```java
System.out.print(1==2);                    //结果:false
```

输出 1＝＝2 这个表达式的结果（false）。

在 Java 中,一些符号是无法直接输出的,如换行符。它的作用不是在输出设备上显示一个字符,而是执行一个操作(换行操作)。这样的字符需要用转义符号反斜杠"\"加一个特殊的字母来完成。例如:

```
System.out.print('\n');                      //结果:换行
```

其他转义字符见表 6-3。

表 6-3　转义字符

符　　号	功　　能	符　　号	功　　能
\n	换行	\'	输出单引号
\r	回车	\"	输出双引号
\b	空格	\\	输出反斜杠
\t	制表符		

比较下面两段代码的输出结果。
代码 1:

```
for (int i=1; i<=5; i++) {
    System.out.print(i);
}
```

代码 2:

```
for (int i=1; i<=5; i++) {
    System.out.print(i);
    System.out.print('\n');                //换行
}
```

上述两段代码的运行结果如图 6-2 所示。

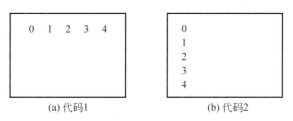

(a) 代码1　　　　(b) 代码2

图 6-2　运行结果

代码 1 在输出数字之后没有换行符,所以所有的文字都显示在一行。

2. println

println 方法的用法同 print 方法完全相同,区别在于 println 方法输出的文字会单独占用一行,例如:

```
for (int i=1; i<=5; i++) {
    System.out.println(i);                    //输出文字并换行
}
```

运行结果如图 6-3 所示。

此外，println 方法有一个无参数的重载 println()，调用后输出一个换行符，等价于 print('\n')。

print 方法或 println 方法的特点是它可以无限制地输出，不受限于屏幕的大小。例如：

```
for (int i=0; i<100; i++) {
    System.out.println(i);
}
```

运行结果如图 6-4 所示。

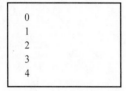

图 6-3　运行结果

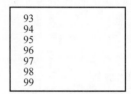

图 6-4　println 方法的运行效果

例 6-1　使用星号（＊）在屏幕上显示一个三角形。

分析：使用外层 for 循环依次输出三角形的每一行，内层 for 循环控制输出星号的数量，使用 print 和 println 方法输出字符。程序示例如下：

＜Triangle.java＞

```
import lejos.nxt.Button;

public class Triangle {
    public static void main(String[] args) {
        //三角形共有 6 行
        for (int i=0; i<=6; i++) {
            //每行有 i 个 *
            for (int j=0; j<i; j++) {
                //输出 *
                System.out.print('*');
            }
            //输出一个换行
            System.out.println();
        }
        //等待任意键按下
        Button.waitForAnyPress();
    }
}
```

运行结果如图 6-5 所示。

6.1.2 LCD 类

LCD 类是一套专门用于操作屏幕的方法和属性的集合。与 print 和 println 方法不同,LCD 类中的方法不仅可以指定输出内容,还可以指定输出位置,使用上更加的灵活,通常用于需要精确定位的输出。

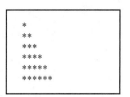

图 6-5 运行结果

包:

```
import lejos.nxt.LCD;
```

方法:

LCD 类方法列表见表 6-4。

表 6-4 LCD 类方法列表

返回值	方 法 名	说 明
void	asyncRefresh()	异步刷新
void	asyncRefreshWait()	异步刷新等待
void	bitBlt(byte[] src, int sw, int sh, int sx, int sy, byte[] dst, int dw, int dh, int dx, int dy, int w, int h, int rop)	复制图形
void	bitBlt(byte[] src, int sw, int sh, int sx, int sy, int dx, int dy, int w, int h, int rop)	复制图形
void	clear()	清屏
void	clear(int y)	清除指定行
void	clear(int x, int y, int n)	清除指定区域
void	clearDisplay()	清除全部
void	drawChar(char c, int x, int y)	输出字符
void	drawInt(int i, int x, int y)	输出数字
void	drawInt(int i, int places, int x, int y)	输出数字并占用指定空间
void	drawString(String str, int x, int y)	输出字符串
void	drawString(String str, int x, int y, boolean inverted)	输出字符串并指定输出样式
byte[]	getDisplay()	获取屏幕信息
int	getPixel(int x, int y)	获取像素点
int	getRefreshCompleteTime()	获取刷新完成时间
byte[]	getSystemFont()	获取字体
void	refresh()	刷新
void	scroll()	屏幕滚动
void	setAutoRefresh(boolean on)	设置自动刷新
int	setAutoRefreshPeriod(int period)	设置自动刷新间隔
void	setContrast(int contrast)	设置对比度
void	setPixel(int x, int y, int color)	设置像素点

属性：

LCD 类属性列表见表 6-5。

表 6-5　LCD 类属性列表

返回值	属性名	说明
int	CELL_HEIGHT	单元格高度
int	CELL_WIDTH	单元格宽度
int	DEFAULT_REFRESH_PERIOD	默认刷新间隔
int	DISPLAY_CHAR_DEPTH	字符色深
int	DISPLAY_CHAR_WIDTH	字符宽度
int	FONT_HEIGHT	字体高度
int	FONT_WIDTH	字体宽度
int	SCREEN_HEIGHT	屏幕高度
int	SCREEN_WIDTH	屏幕宽度

基本用法：

1. drawChar(char c, int x, int y)

（1）功能：在屏幕指定位置输出字符。

（2）参数：

c——字符

x——横坐标

y——纵坐标

要使用 LCD 类，首先要引入它所在的包，在代码第一行添加以下 import 语句。

```
import lejos.nxt.LCD;
```

在上一章曾讲过，类中的方法在使用时是按照对象名.方法名（[参数 1，参数 2，…]）的形式调用的。LCD 类中的方法都是静态方法（见表 6-4），允许不声明一个对象就直接调用，例如：

```
//在屏幕第 1 行第 1 列输出 A
LCD.drawChar('A', 0, 0);
```

以 drawChar(char c, int x, int y)方法为例，这个方法有 3 个参数：参数 1 是要输出的字符，参数 2 是字符显示在屏幕上的横坐标，参数 3 是字符显示在屏幕上的纵坐标。因为 NXT 的原点坐标(0,0)在屏幕的左上角，所以上面这段代码的运行结果就是在屏幕左上角显示字符 A。

```
import lejos.nxt.Button;
import lejos.nxt.LCD;

public class DisplayDemo {
    public static void main(String[] args) {
        //在屏幕第 1 行第 1 列输出 A
        LCD.drawChar('A', 0, 0);
        //在屏幕第 2 行第 2 列输出 B
        LCD.drawChar('B', 1, 1);
        //在屏幕第 3 行第 3 列输出 C
        LCD.drawChar('C', 2, 2);
        //等待任意键按下
        Button.waitForAnyPress();
    }
}
```

运行结果如图 6-6 所示。

💡 **注意**：屏幕显示的大小是 8 行 16 列，x 的取值范围是 0～15，y 的取值范围是 0～7。

2. drawString(String str, int x, int y)

（1）功能：在屏幕指定位置输出字符串。

（2）参数：

str——字符

x——横坐标

y——纵坐标

drawString 方法的功能是显示字符串，它与 drawChar 方法的使用是一样的。

```
//在屏幕第 1 行第 1 列输出 HelloNXT
LCD.drawString("HelloNXT", 0, 0);
```

图 6-6　运行结果

LCD 类中包括 7 个属性（见表 6-5），使用属性时按照对象名.属性的形式调用。例如：

```
int a=LCD.SCREEN_HEIGHT;                 //屏幕高度
int b=LCD.SCREEN_WIDTH;                  //屏幕宽度
```

下面这段代码，获取屏幕的宽度（W）和高度（H），并显示出来。

```
import lejos.nxt.Button;
import lejos.nxt.LCD;
public class DisplayDemo {
    public static void main(String[] args) {
        //显示宽度
        LCD.drawString("W:"+LCD.SCREEN_WIDTH, 0, 0);
```

```
        //显示高度
        LCD.drawString("H:"+LCD.SCREEN_HEIGHT, 0, 1);
        //等待任意键按下
        Button.waitForAnyPress();
    }
}
```

运行结果如图 6-7 所示。

3. drawString(String str, int x, int y, boolean inverted)

（1）功能：在屏幕指定位置输出字符串（反转）。

（2）参数：

str——字符串

x——横坐标

y——纵坐标

inverted——反转

```
W: 100
H: 64
```

图 6-7　运行结果

这是 drawString 方法的一个重载，第 4 个参数 inverted 表示反转。它是一个布尔型参数，默认值是 false。如果值设为 true，则文字反转，由"白底黑字"变为"黑底白字"。

```
import lejos.nxt.Button;
import lejos.nxt.LCD;

public class DisplayDemo {
    public static void main(String[] args) {
        //黑底白字
        LCD.drawString("hello", 0, 0, true);
        //白底黑字
        LCD.drawString("hello", 0, 1, false);         //false 或不填
        //等待任意键按下
        Button.waitForAnyPress();
    }
}
```

运行结果如图 6-8 所示。

💡 注意：inverted 这个参数可以是一个布尔表达式。

4. drawInt(int i, int places, int x, int y)

（1）功能：在屏幕指定位置输出数字。

（2）参数：

i——数字

```
hello
hello
```

图 6-8　运行结果

places——占用空间

x——横坐标

y——纵坐标

drawInt 方法有两个重载：drawInt(int i, int x, int y) 和 drawInt(int i, int places, int x，int y）。前者的用法和对应的 drawChar 或 drawString 方法是一样的。places 参数是一个整型数，它指定数字所占用的空间。有时，没有这个参数会导致显示结果不正确。比较下面这段代码的运行结果。

```
import lejos.nxt.Button;
import lejos.nxt.LCD;

public class DisplayDemo {
    public static void main(String[] args) {
        //初始数字
        LCD.drawInt(56789, 0, 0);
        LCD.drawInt(56789, 0, 1);
        //新数字
        LCD.drawInt(123, 0, 0);                //不指定占用空间
        LCD.drawInt(123, 5, 0, 1);             //占用 5 个空间
        //等待任意键按下
        Button.waitForAnyPress();
    }
}
```

运行结果如图 6-9 所示。

这段代码的功能是首先在屏幕的第 1、2 行显示数字 56789，然后再将两行数字都改为 123。显然，第 2 行的结果是想要的。这是因为如果指定了 places 参数，无论数字长度是多少，都会占用指定大小的空间；否则就会同第 1 行显示的结果一样，数字 123 只占用了 3 个长度的空间，之前屏幕上显示的 56789 中的后两位数字还残留在屏幕上。

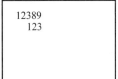

图 6-9　运行结果

5. setPixel(int x, int y, int color)

（1）功能：设置一个像素点的颜色。

（2）参数：

x——横坐标

y——纵坐标

color——颜色

这个方法用于设置指定坐标点的颜色，color 取值是 1（黑色）或 0（白色）。

```
import lejos.nxt.Button;
import lejos.nxt.LCD;
public class DisplayDemo {
    public static void main(String[] args) {
        //设置(10,10)点为黑色
        LCD.setPixel(10, 10, 1);
        //等待任意键按下
        Button.waitForAnyPress();
```

```
        }
    }
```

运行结果：(10,10)坐标点设为黑色。

6. getPixel(int x, int y)

（1）功能：获取一个像素点的颜色。

（2）参数：

x——横坐标

y——纵坐标

这个方法用于返回指定坐标点的颜色,返回值是 1(黑色)或 0(白色)。

```java
import lejos.nxt.Button;
import lejos.nxt.LCD;

public class DisplayDemo {
    public static void main(String[] args) {
        //设置(10,10)点为黑色
        LCD.setPixel(10, 10, 1);
        //获取(10,10)点颜色值
        int c=LCD.getPixel(10, 10);
        //如果(10,10)点为黑色,就设置成白色
        if (c==1) {
            LCD.setPixel(10, 10, 0);
        }
        //等待任意键按下
        Button.waitForAnyPress();
    }
}
```

7. clear()

（1）功能：清除屏幕。

（2）参数：（无）。

clear 方法的功能是清除屏幕上显示的内容。

8. clear(int y)

（1）功能：清除指定行。

（2）参数：

y——纵坐标

clear(int y)方法的功能是清除屏幕上指定行的内容。在坐标系中,$y=n$ 代表一条平行于 x 轴的直线,所以清除屏幕第一行的代码如下：

```java
//清除屏幕第一行
LCD.clear(0);
```

9. clear(int x, int y, int n)

（1）功能：清除指定行和列。

（2）参数：

x——横坐标

y——纵坐标

n——范围

clear(int x，int y，int n)方法的功能是清除从指定坐标开始的大小为 n 区域内的内容。

例 6-2　各行颜色交替显示 HELLO。

分析：在这个例子中，让奇数行显示白底黑字的单词，偶数行显示黑底白字的单词。先用常规的写法来完成这个题目：

＜Hello1. java＞

```java
import lejos.nxt.Button;
import lejos.nxt.LCD;

public class Hello1 {
    public static void main(String[] args) {
        //行 1
        LCD.drawString("HELLO", 0, 0);
        //行 2
        LCD.drawString("HELLO", 0, 1, true);
        //行 3
        LCD.drawString("HELLO", 0, 2);
        //行 4
        LCD.drawString("HELLO", 0, 3, true);
        //行 5
        LCD.drawString("HELLO", 0, 4);
        //行 6
        LCD.drawString("HELLO", 0, 5, true);
        //行 7
        LCD.drawString("HELLO", 0, 6);
        //行 8
        LCD.drawString("HELLO", 0, 7, true);
        //等待任意键按下
        Button.waitForAnyPress();
    }
}
```

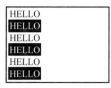

图 6-10　运行结果

运行结果如图 6-10 所示。

再分析一下题目不难发现，其实每一行显示的内容都是相同的，需要做的是找出偶数行，让它的 inverted 值等于 true。找出偶数行的方法是，行号除以 2 取余数，余数为 0 就是偶数，余数为 1 就是奇数。

```
if (n %2==0);                                    //偶数
if (n %2==1);                                    //奇数
```

再结合 Java 语言中,布尔型变量可以是表达式的结果,最终修改后的代码如下:
<Hello2. java>

```java
import lejos.nxt.Button;
import lejos.nxt.LCD;

public class Hello2 {
    public static void main(String[] args) {
        for (int i=0; i<=7; i++) {
            LCD.drawString("HELLO", 0, i, i %2==1);
        }
        //等待任意键按下
        Button.waitForAnyPress();
    }
}
```

对比上、下两段代码不难看出,第二段更加精练。在开发程序的过程中,代码的书写不仅仅要符合语法规范,更重要的是思路清晰、语言简洁。

例 6-3 以 1s 为周期,在屏幕中间位置闪烁显示 HELLO。

分析:首先在屏幕上显示字符串 HELLO,500ms 后调用 clear()方法清屏,再经过 500ms 重复这一过程。为了让程序一直运行,需要用到 while 循环,循环的终止条件是"退出键被按下"。代码中使用了一个新方法——msDelay,它的作用是让程序等待指定时间,单位是 ms:

```java
Delay.msDelay(500);
```

完整的程序代码:
<Flash. java>

```java
import lejos.nxt.Button;
import lejos.nxt.LCD;
import lejos.util.Delay;

public class Flash {
    public static void main(String[] args) {
        //等待退出键按下
        while (!Button.ESCAPE.isDown()) {
            //显示字符
            LCD.drawString("HELLO", 6, 3);
            //延时 500ms
            Delay.msDelay(500);
            //清除屏幕
```

```
        LCD.clear();
        //延时 500ms
        Delay.msDelay(500);
    }
  }
}
```

6.1.3　Graphics 类

Graphics 是 Java 中的绘图类，这个类使用起来比 LCD 类更加灵活，功能也更加强大。它可以用来在屏幕上输出文字，绘制点、线、几何图形和图片等。

包：

```
import javax.microedition.lcdui.Graphics;
```

方法：

Graphics 类方法见表 6-6。

表 6-6　Graphics 类方法列表

返回值	方　法　名	说　　明
void	clear()	清屏
void	copyArea(int sx, int sy, int w, int h, int x, int y, int anchor)	复制区域
void	drawArc(int x, int y, int width, int height, int startAngle, int arcAngle)	绘制弧形
void	drawChar(char character, int x, int y, int anchor)	绘制字符
void	drawChars(char[] data, int offset, int length, int x, int y, int anchor)	绘制字符数组
void	drawImage(Image src, int x, int y, int anchor)	绘制图片
void	drawLine(int x0, int y0, int x1, int y1)	绘制直线
void	drawRect(int x, int y, int width, int height)	绘制矩形
void	drawRegion(Image src, int sx, int sy, int w, int h, int transform, int x, int y, int anchor)	绘制特殊图形区域
void	drawRegionRop(Image src, int sx, int sy, int w, int h, int x, int y, int anchor, int rop)	绘制特殊图形区域
void	drawRegionRop(Image src, int sx, int sy, int w, int h, int transform, int x, int y, int anchor, int rop)	绘制特殊图形区域
void	drawRoundRect(int x, int y, int width, int height, int arcWidth, int arcHeight)	绘制圆角矩形
void	drawString(String str, int x, int y, int anchor)	绘制字符串
void	drawString(String str, int x, int y, int anchor, boolean inverted)	绘制字符串

续表

返回值	方 法 名	说 明
void	drawSubstring（String str，int offset，int len，int x，int y，int anchor）	绘制子字符串
void	fillArc（int x，int y，int width，int height，int startAngle，int arcAngle）	填充弧形
void	fillRect(int x，int y，int w，int h)	填充矩形
int	getBlueComponent()	获取蓝色值
int	getColor()	获取颜色值
int	getDisplayColor(int color)	获取显示颜色值
Font	getFont()	获取字体
int	getGreenComponent()	获取绿色值
int	getHeight()	获取屏幕高度
int	getRedComponent()	获取红色值
int	getStrokeStyle()	获取画笔样式
int	getTranslateX()	获取 x 轴偏移
int	getTranslateY()	获取 y 轴偏移
int	getWidth()	获取屏幕宽度
void	setColor(int rgb)	设置颜色
void	setColor(int red，int green，int blue)	设置颜色
void	setFont(Font f)	设置字体
void	setStrokeStyle(int style)	设置画笔样式
void	translate(int x，int y)	坐标偏移

属性：

Graphics 类属性列表见表 6-7。

表 6-7　Graphics 类属性列表

返 回 值	属 性 名	说 明
int	BASELINE	基线
int	BLACK	黑色
int	BOTTOM	底部对齐
int	DOTTED	虚线
int	HCENTER	水平居中
int	LEFT	左对齐
int	RIGHT	右对齐
int	SOLID	实线
int	TOP	顶部对齐
int	VCENTER	垂直居中
int	WHITE	白色

基本用法：

1. drawString(String str, int x, int y, int anchor)

（1）功能：在指定位置输出字符串。

（2）参数：

str——字符串

x——横坐标

y——纵坐标

anchor——对齐方式

要使用 Graphics 类，首先也要引入它所在的包：

```
import javax.microedition.lcdui.Graphics;
```

Graphics 类中的 drawString 方法（见表 6-6）不是静态方法，所以在使用前要先实例化一个 Graphics 类对象。实例化一个对象要使用 new 关键字，格式是：

```
类名 对象名 = new 类名 ([参数 1,参数 2, ...])
```

得到一个 Graphics 类的实例：

```
Graphics g=new Graphics();                    //参数为空
```

当实例化一个 Graphics 对象之后，就可以调用该对象的 drawString 方法在屏幕上显示文字了。

```
import javax.microedition.lcdui.Graphics;
import lejos.nxt.Button;

public class DisplayDemo {
    public static void main(String[] args) {
        //实例化一个 Graphics 对象
        Graphics g=new Graphics();
        //显示文字
        g.drawString("HELLO", 0, 0, 0);
        //等待任意键按下
        Button.waitForAnyPress();
    }
}
```

第 4 个参数 anchor 表示文字或图像的对齐方式，一般填写 0 就可以了。详细介绍见本节后面的内容。Graphics 类中的 drawString 方法和 LCD 类中的 drawString 方法虽然功能一样，但是两者的坐标系不同。Graphics 类的坐标系是以像素为单位的，可以指定输出内容的精确坐标。两者的差异见表 6-8。

表 6-8   坐标系对比

方 法	LCD	Graphics
	drawString	drawString
坐标系	按字母位置	按屏幕像素
x 取值范围	0～15	0～99
y 取值范围	0～7	0～63

比较下面两段代码的运行结果。

代码 1:

```
//实例化一个 Graphics 对象
Graphics g=new Graphics();
//在第 (1,1) 像素点显示文字
g.drawString("HELLO", 1, 1, 0);
```

代码 2:

```
//在第 1 行第 1 列显示文字
LCD.drawString("HELLO", 1, 1);
```

上述两段代码的运行结果如图 6-11 所示。

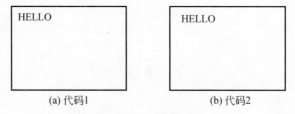

(a) 代码1   (b) 代码2

图 6-11   显示效果对比

2. drawLine(int x0, int y0, int x1, int y1)

（1）功能：画直线。

（2）参数：

x_0——起点 x 坐标

y_0——起点 y 坐标

x_1——终点 x 坐标

y_1——终点 y 坐标

drawLine 方法的功能是绘制一条直线，它有 4 个参数，分别代表着直线（线段）的起点坐标和终点坐标，如图 6-12 所示。

众所周知，NXT 屏幕的左上角坐标是(0,0)，右下角坐标是(99,63)，所以画一条从左上角到右下角的直线，代码如下：

```
import javax.microedition.lcdui.Graphics;
import lejos.nxt.Button;

public class DisplayDemo {
    public static void main(String[] args) {
        //实例化一个 Graphics 对象
        Graphics g=new Graphics();
        //起点(0,0),终点(99,63)
        g.drawLine(0, 0, 99, 63);
        //等待任意键按下
        Button.waitForAnyPress();
    }
}
```

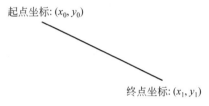

起点坐标: (x_0, y_0)

终点坐标: (x_1, y_1)

图 6-12　直线的起点坐标和终点坐标

NXT 屏幕的中心点坐标分别是 LCD. SCREEN_WIDTH/2 和 LCD. SCREEN_HEIGHT/2,在屏幕中心点绘制一个十字(＋)的代码如下:

＜DrawAnchor. java＞

```
import javax.microedition.lcdui.Graphics;
import lejos.nxt.Button;
import lejos.nxt.LCD;

public class DrawAnchor {
    public static void main(String[] args) {
        //中心点坐标
        int xp=LCD.SCREEN_WIDTH/2;
        int yp=LCD.SCREEN_HEIGHT/2;
        //实例化一个 Graphics 对象
        Graphics g=new Graphics();
        //竖线
        g.drawLine(xp, yp-5, xp, yp+5);
        //横线
        g.drawLine(xp-5, yp, xp+5, yp);
        //按任意键退出
        Button.waitForAnyPress();
    }
}
```

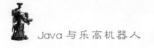

运行结果如图 6-13 所示。

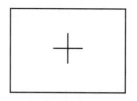

图 6-13　运行结果

在 drawString 方法中有一个参数 anchor，在前面的例子中填写的值是 0，现在介绍它的作用。首先在屏幕的中心点处输出文字 HELLO：

```java
import javax.microedition.lcdui.Graphics;
import lejos.nxt.Button;
import lejos.nxt.LCD;

public class DrawAnchor {
    public static void main(String[] args) {
        //中心点坐标
        int xp=LCD.SCREEN_WIDTH / 2;
        int yp=LCD.SCREEN_HEIGHT / 2;
        //实例化一个 Graphics 对象
        Graphics g=new Graphics();
        //竖线
        g.drawLine(xp, yp-5, xp, yp+5);
        //横线
        g.drawLine(xp-5, yp, xp+5, yp);
        //在屏幕中心点输出 HELLO
        g.drawString("HELLO", xp, yp, 0);
        //按任意键退出
        Button.waitForAnyPress();
    }
}
```

运行结果如图 6-14 所示。

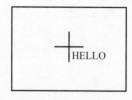

图 6-14　运行结果

从图 6-14 中可以看到，文字是显示在中心点的右下方的，这是文字的默认显示方式，也是参数 0 的含义。通过调用 Graphics 类的 LEFT、RIGHT、BOTTOM 和 TOP 等属性（见表 6-7），可以改变文字的对齐方式。修改后的代码如下：

```
//在屏幕中心点输出 Hello
g.drawString("HELLO", xp, yp, Graphics.RIGHT);
```

运行结果如图 6-15 所示。

可以看到，对齐方式设置为 Right（右）之后，坐标点的位置位于文字的右侧。也可以通过组合几个属性使文字出现在坐标点左上方：

```
//在屏幕中心点输出 Hello
g.drawString("HELLO", xp, yp, Graphics.RIGHT | Graphics.BOTTOM);
```

运行结果如图 6-16 所示。

图 6-15　运行结果 1

图 6-16　运行结果 2

3. drawRect(int x, int y, int width, int height)

（1）功能：绘制矩形。

（2）参数：

x——横坐标

y——纵坐标

width——宽度

height——高度

drawRect 方法的功能是绘制矩形。绘制矩形的方法同绘制直线是类似的，区别在于确定一条直线（线段）需要知道起点坐标和终点坐标，而绘制矩形只要知道它的宽、高和其中一个顶点的坐标就可以了。drawRect 方法的 4 个参数分别代表矩形顶点（左上角）坐标，矩形宽度和高度，如图 6-17 所示。

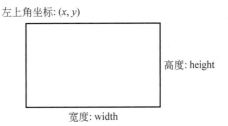

图 6-17　绘制矩形

例如，绘制一个顶点在（10,10）、宽度为 40、高度为 30 的矩形，其代码如下：

```
import javax.microedition.lcdui.Graphics;
import lejos.nxt.Button;

public class DisplayDemo {
    public static void main(String[] args) {
        //实例化一个 Graphics 对象
        Graphics g=new Graphics();
```

```
        //在坐标点(10,10)绘制一个矩形
        g.drawRect(10, 10, 40, 30);
        //等待任意键按下
        Button.waitForAnyPress();
    }
}
```

4. drawArc(int x, int y, int width, int height, int startAngle, int arcAngle)

（1）功能：绘制扇形。

（2）参数：

x——横坐标

y——纵坐标

width——宽度

height——高度

startAngle——起始角度

arcAngle——总角度

drawArc 方法的功能是绘制扇形和圆（360°的扇形就是圆）。它有 6 个参数，分别代表圆心的坐标、扇形的宽度和高度、扇形开始的角度和扇形的总角度，如图 6-18 所示。

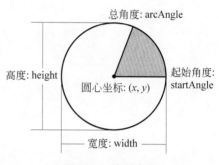

图 6-18　绘制扇形

在屏幕左上角绘制一个直径为 40 的圆，代码如下：

```
import javax.microedition.lcdui.Graphics;
import lejos.nxt.Button;

public class DisplayDemo {
    public static void main(String[] args) {
        //实例化一个 Graphics 对象
        Graphics g=new Graphics();
        //直径为 40 的圆
        g.drawArc(0, 0, 40, 40, 0, 360);
        //等待任意键按下
        Button.waitForAnyPress();
    }
}
```

将圆的宽和高(40,40)改为(40,20)，得到的就是一个椭圆。将扇形的角度 360°改为 180°，得到的就是一个半圆。

```
import javax.microedition.lcdui.Graphics;
import lejos.nxt.Button;
```

```
public class DisplayDemo {
    public static void main(String[] args) {
        //实例化一个 Graphics 对象
        Graphics g=new Graphics();
        //直径为 40 的圆
        g.drawArc(0, 0, 40, 40, 0, 360);
        //椭圆
        g.drawArc(0, 0, 40, 20, 0, 360);
        //半圆
        g.drawArc(0, 0, 40, 40, 0, 180);
        //等待任意键按下
        Button.waitForAnyPress();
    }
}
```

5. fillRect(int x, int y, int w, int h)

（1）功能：填充矩形。

（2）参数：

x——横坐标

y——纵坐标

w——宽度

h——高度

fillRect 方法的功能是填充一个矩形。换句话说，drawRect 绘制的是空心矩形，fillRect 绘制的是实心矩形。两者的参数和用法完全相同。

6. fillArc(int x, int y, int width, int height, int startAngle, int arcAngle)

（1）功能：填充扇形。

（2）参数：

x——横坐标

y——纵坐标

width——宽度

height——高度

startAngle——起始角度

arcAngle——总角度

同 fillRect 方法一样，fillArc 方法的功能是填充一个扇形。

7. getWidth()和 getHeight()

（1）功能：获取宽度和高度。

（2）参数：（无）。

获取屏幕宽度和高度，等价于 LCD 类的 SCREEN_WIDTH 和 SCREEN_HEIGHT 属性。

9. setColor(int rgb)

（1）功能：设置画笔颜色。

（2）参数：

rgb——颜色值

setColor 的功能是设置画笔颜色。颜色值目前只有两个：黑色（0）和白色（1）。对每一个 Graphics 对象，可以分别设置它的颜色。电视或电影上有时会显示黑白相间的平行线，可以在 LCD 显示屏上模拟这个效果。具体要做的就是定义两个 Graphics 对象，一个黑色，一个白色，然后交替绘制直线。

<Parallel. java>

```java
import javax.microedition.lcdui.Graphics;
import lejos.nxt.Button;

public class Parallel {
    public static void main(String[] args) {
        //Graphics 对象 1
        Graphics blackLine=new Graphics();
        //黑色
        blackLine.setColor(0);
        //Graphics 对象 2
        Graphics whiteLine=new Graphics();
        //白色
        whiteLine.setColor(1);
        //循环绘制 64 条线
        for (int i=0; i<64; i++) {
            //偶数行
            if (i %2==0) {
                //黑线
                blackLine.drawLine(0, i, 99, i);
            }
            //奇数行
            else {
                //白线
                whiteLine.drawLine(0, i, 99, i);
            }
        }
        //按任意键退出
        Button.waitForAnyPress();
    }
}
```

运行结果如图 6-19 所示。

通过 getColor()方法可以获取到当前 Graphics 对象的颜色值。

9. setStrokeStyle(int style)

（1）功能：设置画笔样式。

（2）参数：

style——样式

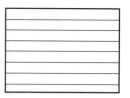

图 6-19　运行结果

样式值目前只有两个：实线（0）和虚线（1），默认值是实线。将上例中的代码稍作改动，令黑线的样式变为虚线，屏幕上显示的图形就成了点状条纹。

```
//黑色
blackLine.setColor(0);
//虚线
blackLine.setStrokeStyle(1);
```

通过 getStrokeStyle()方法可以返回当前 Graphics 对象的样式。

10. drawImage(Image src, int x, int y, int anchor)

（1）功能：在屏幕上绘制一张图片。

（2）参数：

src——图片

x——横坐标

y——纵坐标

anchor——对齐方式

drawImage 有 4 个参数，其中后 3 个参数 x、y 和 anchor 之前已经使用过，就不再重复叙述了。第 1 个参数是一个 Image 对象，Java 允许通过比特数组（byte[]）的形式创建一张位图。位图是由点阵构成的，一个点就是位图上的一个像素，成行列排列的多个点就组成了一张位图图像。位图的数据包括这些点和每个点的颜色。例如，图 6-20 所示的图像。

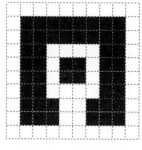

图 6-20　位图示意图

图 6-20 是把一个 10px×10px 的图片放大之后的效果。关于位图和位图转换的知识，请阅读本书 12.2 节。下面是一个在屏幕上显示图片的示例，图片事先已经被转换为 Image 对象。

<DrawImage.java>

```
import javax.microedition.lcdui.Graphics;
import javax.microedition.lcdui.Image;
import lejos.nxt.Button;

public class drawImage {
    public static void main(String[] args) {
        //位图
```

```
        Image img=new Image(25, 30, new byte[] { (byte) 0x00, (byte) 0x00,
                (byte) 0x00, (byte) 0x00, (byte) 0xc0, (byte) 0xf0,
                (byte) 0xf8, (byte) 0xfc, (byte) 0xfe, (byte) 0xfe,
                (byte) 0x7e, (byte) 0x3e, (byte) 0x3f, (byte) 0x3e,
                (byte) 0x3e, (byte) 0x3e, (byte) 0x7e, (byte) 0xfc,
                (byte) 0xf8, (byte) 0xf0, (byte) 0xc0, (byte) 0x00,
                (byte) 0x00, (byte) 0x00, (byte) 0x00, (byte) 0x00,
                (byte) 0x00, (byte) 0x00, (byte) 0x1c, (byte) 0x3f,
                (byte) 0xff, (byte) 0x03, (byte) 0x09, (byte) 0x1a,
                (byte) 0x1a, (byte) 0x18, (byte) 0x00, (byte) 0x00,
                (byte) 0x00, (byte) 0x00, (byte) 0x18, (byte) 0x1a,
                (byte) 0x1a, (byte) 0x03, (byte) 0x07, (byte) 0x1f,
                (byte) 0x00, (byte) 0x00, (byte) 0x00, (byte) 0x00,
                (byte) 0x00, (byte) 0x00, (byte) 0x00, (byte) 0x00,
                (byte) 0x00, (byte) 0x01, (byte) 0x06, (byte) 0xb8,
                (byte) 0xf0, (byte) 0xe0, (byte) 0xcc, (byte) 0x9d,
                (byte) 0x98, (byte) 0x85, (byte) 0xc4, (byte) 0xe0,
                (byte) 0xf0, (byte) 0x10, (byte) 0x00, (byte) 0x03,
                (byte) 0x00, (byte) 0x00, (byte) 0x00, (byte) 0x00,
                (byte) 0x00, (byte) 0x3e, (byte) 0x3e, (byte) 0x3e,
                (byte) 0x3e, (byte) 0x3e, (byte) 0x3e, (byte) 0x33,
                (byte) 0x23, (byte) 0x03, (byte) 0x00, (byte) 0x00,
                (byte) 0x00, (byte) 0x00, (byte) 0x00, (byte) 0x00,
                (byte) 0x00, (byte) 0x03, (byte) 0x23, (byte) 0x3f,
                (byte) 0x3e, (byte) 0x3c, (byte) 0x3c, (byte) 0x3c,
                (byte) 0x3c, (byte) 0x38, });
        //实例化一个 Graphics 对象
        Graphics g=new Graphics();
        //输出图像
        g.drawImage(img, 38, 14, 0);
        //按任意键退出
        Button.waitForAnyPress();
    }
}
```

运行结果如图 6-21 所示。

11. clear()

（1）功能：清屏。

（2）参数：（无）。

清屏，等价于 LCD 类的 clear()方法。

例 6-4　在 NXT 屏幕上绘制围棋棋盘。

图 6-21　显示图片

分析：围棋棋盘的大小是 19×19，NXT 屏幕的高度是 64，也就是说，如果 3 个像素占一格共计 19×3＝57 个像素，正好能够显示一个围棋棋盘。所以要做的就是编写一个 0～56 的循环，逢 3 的倍数调用 drawLine 方法绘制一条直线。

＜GoCell.java＞

```java
import javax.microedition.lcdui.Graphics;
import lejos.nxt.Button;

public class GoCell {
    public static void main(String[] args) {
        //实例化一个 Graphics 对象
        Graphics g=new Graphics();
        //原点偏移
        g.translate(22, 4);
        //绘制纬线
        for (int i=0; i<=56; i++) {
            //3 的倍数
            if (i %3==0) {
                //绘制第 i 行直线
                g.drawLine(0, i, 53, i);
            }
        }
        //绘制经线
        for (int i=0; i<=56; i++) {
            //3 的倍数
            if (i %3==0) {
                //绘制第 i 列直线
                g.drawLine(i, 0, i, 53);
            }
        }
        //等待任意键按下
        Button.waitForAnyPress();
    }
}
```

运行结果如图 6-22 所示。

例 6-5 在 NXT 屏幕上绘制正弦曲线。

分析：首先绘制坐标系。坐标系的原点位于屏幕左边中心位置，坐标是(10,32)。其次将 360° 的圆对应在屏幕上 40 个像素的长度范围内，每个像素代表圆上的 9°。调用 Java 提供的 Math.sin 函数计算每个角度的正弦值，分别对应到 y 轴坐标上。这样就有了每个 x 点对应的 y 点坐标，最后调用 LCD.setPixel 方法在屏幕上显示出来。

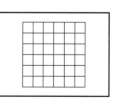

图 6-22　围棋棋盘

＜DrawSin.java＞

```java
import javax.microedition.lcdui.Graphics;
import lejos.nxt.Button;
import lejos.nxt.LCD;
```

```
public class DrawSin {
    public static void main(String[] args) {
        //实例化一个 Graphics 对象
        Graphics g=new Graphics();
        //原点坐标
        int xp=10;
        int yp=g.getHeight() / 2;
        //绘制坐标系 x 轴
        g.drawLine(5, yp, 94, yp);
        //绘制坐标系 y 轴
        g.drawLine(xp, 5, xp, 58);
        //绘制曲线
        for (int i=0; i<=40; i++) {
            //将 360°对应到 x 轴上的 40 个像素,每个像素代表 9°
            double si=Math.sin((9 * i) * Math.PI / 180);
            //根据正弦值计算 y 轴坐标
            int yPoint=(int) (si * 10);
            //绘制坐标点(坐标系偏移 xp,yp)
            LCD.setPixel(xp+i, yp-yPoint, 1);
        }
        //等待任意键按下
        Button.waitForAnyPress();
    }
}
```

输出结果如图 6-23 所示。

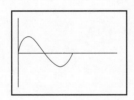

图 6-23　正弦曲线

关于数学计算类 Math 的详细用法,请阅读 6.5 节内容。

6.2　声　音　输　出

NXT 的声音输出有 4 种形式:①播放系统定制好的声音,如短促的"嘀嘀"声;②播放一个声音片段;③通过指定声音频率,调用函数发出声音;④播放一个声音文件。上述 4 种方式都要用到 leJOS 提供的 Sound 类。

Sound 类提供了若干个处理声音的方法。这些方法都是静态方法,使用上同 LCD 类一样,不需要实例化对象就可以调用它的方法。

包:

```
import lejos.nxt.Sound;
```

方法:

Sound 类方法列表,如表 6-9 所示。

表 6-9　Sound 类方法列表

返回值	方 法 名	说 明
void	beep()	一个短音
void	beepSequence()	下降音
void	beepSequenceUp()	上升音
void	buzz()	一个长音
int	getTime()	声音播放时间
int	getVolume()	音量
void	loadSettings()	加载设置
void	pause(int t)	暂停
void	playNote(int[] inst, int freq, int len)	播放声音片段
int	playSample(byte[] data, int offset, int len, int freq, int vol)	播放声音文件
int	playSample(File file)	播放声音文件
int	playSample(File file, int vol)	播放声音文件
void	playTone(int freq, int duration)	播放指定频率的声音
void	playTone(int aFrequency, int aDuration, int aVolume)	播放指定频率的声音
void	setVolume(int vol)	设置音量
void	systemSound(boolean aQueued, int aCode)	系统声音
void	twoBeeps()	两个短音

属性:

Sound 类属性列表,如表 6-10 所示。

表 6-10　Sound 类属性列表

返 回 值	属 性 名	说 明
int	C2	音调
int[]	FLUTE	长笛音
int[]	PIANO	钢琴音
int	VOL_MAX	最大音量
String	VOL_SETTING	音量设置
int[]	XYLOPHONE	木琴音

基本用法:

1. beep()

(1) 功能:发出一个短音。

(2) 参数:(无)。

要使用 Sound 类,首先要引入它所在的包。

```
import lejos.nxt.Sound;
```

因为 Sound 类中的所有方法都是静态的,所以可以直接调用(见表 6-9)。

```
//一个短音
Sound.beep();
```

代码示例:

```
import lejos.nxt.Sound;
import lejos.util.Delay;

public class TestBeep {
    public static void main(String[] args) {
        //一个短音
        Sound.beep();
        //5秒后自动退出程序
        Delay.msDelay(5000);
    }
}
```

与 beep 方法类似的方法如表 6-11 所示。

表 6-11　调用系统声音

属　性　名	说　明	属　性　名	说　明
beep	1 个短音	beepSequence	下降音
twoBeeps	2 个短音	beepSequenceUp	上声音
buzz	1 个长音		

2. playNote(int[] inst, int freq, int len)

(1) 功能:播放声音片段。

(2) 参数:

inst——声音片段

freq——频率(Hz)

len——长度(ms)

playNote 方法的功能是播放一个声音片段,这里的片段就是一个整型数组。Sound 类提供了 3 个片段示例:PIANO、FLUTE 和 XYLOPHONE(见表 6-10)。其他两个参数分别代表声音的频率和播放时长。

```
import lejos.nxt.Sound;
import lejos.util.Delay;

public class TestBeep {
```

```
public static void main(String[] args) {
    //片段:PIANO,频率:1000Hz,时长:5s
    Sound.playNote(Sound.PIANO, 1000, 5000);
    //5 秒后自动退出程序
    Delay.msDelay(5000);
    }
}
```

3. playTone(int aFrequency, int aDuration, int aVolume)

（1）功能：播放指定频率的声音。

（2）参数：

aFrequency——频率（Hz）

aDuration——长度（ms）

aVolume——音量（1～100）

playTone 方法的功能是播放一个指定频率的声音。它的 3 个参数分别代表声音频率、播放时长和音量大小（1～100 代表 1%～100% 的音量）。频率是一个整型数值，它的单位是 Hz，Sound 类提供了一个 C2 频率作为示例。

```
import lejos.nxt.Sound;
import lejos.util.Delay;

public class TestBeep {
    public static void main(String[] args) {
        //频率:C2,时长:2秒,音量:50%
        Sound.playTone(Sound.C2, 2000, 50);
        //5 秒后自动退出程序
        Delay.msDelay(5000);
    }
}
```

表 6-12 列举了一些常用的音符与频率间的对应关系。

表 6-12　音符频率对照表

Sound	1	2	3	4	5	6	7	8
G#	52	104	208	415	831	1661	3322	
G	49	98	196	392	784	1568	3136	
F#	46	92	185	370	740	1480	2960	
F	44	87	175	349	698	1397	2794	
E	41	82	165	330	659	1319	2637	
D#	39	78	156	311	622	1245	2489	
D	37	73	147	294	587	1175	2349	
C#	35	69	139	277	554	1109	2217	

续表

Sound	1	2	3	4	5	6	7	8
C	33	65	131	262	523	1047	2093	4186
B	31	62	123	247	494	988	1976	3951
A#	29	58	117	233	466	932	1865	3729
A	28	55	110	220	440	80	1760	3520

当程序连续播放音符时，leJOS 不等待上一个音符播放完毕，就会直接执行下一条指令，所以在上下两个音符之间要停顿一下。Sound 类提供了 pause 方法可以暂停播放，参数是 ms。

```java
import lejos.nxt.Sound;
import lejos.util.Delay;

public class TestBeep {
    public static void main(String[] args) {
        //频率:462,时长:0.5s,音量80%
        Sound.playTone(462, 500, 80);
        //暂停0.5s
        Sound.pause(500);
        Sound.playTone(647, 500, 80);
        Sound.pause(500);
        Sound.playTone(947, 500, 80);
        Sound.pause(500);
        Sound.playTone(445, 500, 80);
        Sound.pause(500);
        //5s后自动退出程序
        Delay.msDelay(5000);
    }
}
```

4. playSample(File file, int vol)

（1）功能：播放一个声音文件。

（2）参数：

file——声音文件

vol——音量（1～100）

NXT 可以播放的声音文件是 8 位的 wav 格式，文件需要事先上传到 NXT 主机中。关于如何把文件上传到 NXT 主机，请阅读 12.4 节。这里假设已经上传了一个声音文件，文件名是 ring. wav。

```java
import java.io.File;
import lejos.nxt.Sound;
import lejos.util.Delay;
```

```
public class TestBeep {
    public static void main(String[] args) {
        //创建一个音乐文件
        File f=new File("ring.wav");
        //文件:f,音量:80%
        Sound.playSample(f, 80);
        //5s 后自动退出程序
        Delay.msDelay(5000);
    }
}
```

这段代码中,首先使用 File 类读取一个声音文件。使用 File 类之前要引入它所在的包。

```
import java.io.File;
```

然后创建一个 File 对象,读取已经上传到 NXT 主机中的 ring. wav 文件。

```
File f=new File("ring.wav");
```

最后调用 playSample 方法播放声音文件。

```
Sound.playSample(f, 80);
```

 小提示:

　　NXT 的内存大约是 200KB,所以不要放入太大的音乐文件。

　　文件后缀 wav 要使用小写字母。

例 6-6　模拟防空警报声。

分析:防空警报声是从低频率声音逐渐上升到高频率声音,停顿几秒后,再从高频率声音下降到低频率声音。程序可以调用 playTone 函数播放指定频率的声音,通过循环语句逐渐改变频率值。

<PlaySound. java>

```
import lejos.nxt.Sound;

public class PlaySound {
    public static void main(String[] args) {
        //频率从 100 开始增加,每次增加 20,到 1000 停止
        for (int i=100; i<1000; i+=20) {
            //播放声音
            Sound.playTone(i, 100, 80);
            //延时
            Sound.pause(100);
```

```
    }
    //在高音停顿 3s
    Sound.playTone(1000, 3000, 80);
    Sound.pause(3000);
    //频率从 1000 开始减少,每次减少 20,到 100 停止
    for (int i=1000; i>100; i-=20) {
        //播放声音
        Sound.playTone(i, 100, 80);
        //延时
        Sound.pause(100);
    }
    }
}
```

6.3　电动机控制

电动机控制要用到的类是 Motor 类。这个类比较特殊。它有 3 个属性,分别是 A、B 和 C。每个属性的返回值是 NXTRegulatedMotor 类型,对应插在 NXT 主机上的 3 个电动机。而对电动机的实际控制是在 NXTRegulatedMotor 类中完成的。本书为了叙述方便,将 Motor 类和 NXTRegulatedMotor 类作为一个整体对待。

在使用 Motor 类之前,请先将电动机连接在 NXT 主机上。

包:

```
import lejos.nxt.Motor;
```

方法:

Motor 类方法列表如表 6-13 所示。

表 6-13　Motor 类方法列表

返　回　值	方　法　名	说　　明
void	addListener(RegulatedMotorListener listener)	注册监听器
void	backward()	后退
void	flt()	释放
void	flt(boolean immediateReturn)	释放
void	forward()	前进
int	getAcceleration()	获取加速度
int	getLimitAngle()	获取目标角度
float	getMaxSpeed()	获取最大速度
int	getPosition()	获取当前位置
int	getRotationSpeed()	获取当前转速
int	getSpeed()	获取速度
int	getTachoCount()	获取角度

续表

返　回　值	方　法　名	说　明
boolean	isMoving()	是否运行
boolean	isStalled()	是否故障
void	lock(int power)	锁定
RegulatedMotorListener	removeListener()	移除监听
void	resetTachoCount()	重置角度
void	rotate(int angle)	转动
void	rotate(int angle, boolean immediateReturn)	转动
void	rotateTo(int limitAngle)	转动到
void	rotateTo(int limitAngle, boolean immediateReturn)	转动到
void	setAcceleration(int acceleration)	设置加速度
void	setSpeed(float speed)	设置速度
void	setSpeed(int speed)	设置速度
void	setStallThreshold(int error, int time)	设置电动机故障信息
void	stop()	停止
void	stop(boolean immediateReturn)	停止
boolean	suspendRegulation()	暂停
void	waitComplete()	等待完成

属性:

Motor 类属性列表如表 6-14 所示。

表 6-14　Motor 类属性列表

返　回　值	属　性　名	说　明
NXTRegulatedMotor	A	Motor A
NXTRegulatedMotor	B	Motor B
NXTRegulatedMotor	C	Motor C
int	acceleration	加速度
NXTRegulatedMotor. Controller	cont	控制器
int	limitAngle	极限角度
RegulatedMotorListener	listener	监听器
int	NO_LIMIT	无限制
NXTRegulatedMotor. Regulator	reg	注册
float	speed	速度
boolean	stalled	故障
int	stallLimit	故障值
int	stallTime	故障时间
TachoMotorPort	tachoPort	端口

基本用法:

1. forward0

(1) 功能:让电动机正向转动。

(2) 参数:(无)。

要使用 Motor 类,就要引入它所在的包,在代码第一行添加以下语句。

```
import lejos.nxt.Motor;
```

假设有两个电动机分别接在 NXT 主机的 A 端口和 B 端口上。如果要操作 A 端口的电动机,就要调用 Motor. A 对象的 forward 方法(见表 6-13)。

```
//A电动机前进
Motor.A.forward();
```

可供操作的电动机有 Motor. A、Motor. B 和 Motor. C,与"前进"对应的其他基本方法如表 6-15 所示。

表 6-15　控制电动机的基本方法

属　性　名	说　　明	属　性　名	说　　明
forward()	前进	stop()	停止
backward()	后退	flt()	释放

下面这段代码让电动机先前进 3s,再后退 3s,最后停止。

```
import lejos.nxt.Motor;
import lejos.util.Delay;

public class TestMotor {
    public static void main(String[] args) {
        //A电动机前进
        Motor.A.forward();
        //等待3s
        Delay.msDelay(3000);
        //A电动机后退
        Motor.A.backward();
        //等待3s
        Delay.msDelay(3000);
        //A电动机停止
        Motor.A.stop();
    }
}
```

让电动机停止可以使用 flt 或 stop 方法。两者的区别在于 stop 方法是立即停止,而 flt 方法依靠电动机惯性停止。如果电动机 A 和电动机 B 都在转动,分别调用 flt 方法和 stop 方法停止转动,调用 flt 方法的电动机会继续滑动一段距离。

```
import lejos.nxt.Motor;
import lejos.util.Delay;

public class TestMotor {
    public static void main(String[] args) {
        //A 电动机前进
        Motor.A.forward();
        //B 电动机前进
        Motor.B.forward();
        //5s 后
        Delay.msDelay(5000);
        //A 电动机立即停止
        Motor.A.stop();
        //B 电动机惯性滑动
        Motor.B.flt();
    }
}
```

此外，调用 stop 方法之后，电动机停止并锁定在当前位置，这时用手转电动机是转不动的。而调用 flt 方法之后，电动机处于被释放状态，可以用手转动。

2. rotate(int angle)

（1）功能：转动指定的角度。

（2）参数：

angle——角度

rotate 方法的功能是让电动机转动一定的角度。例如，让电动机转动 720°（两圈），代码如下：

```
import lejos.nxt.Motor;

public class TestMotor {
    public static void main(String[] args) {
        //A 电动机转动 720°
        Motor.A.rotate(720);
        //A 电动机逆向转动 720°
        Motor.A.rotate(-720);
    }
}
```

它有一个重载：rotate(int angle，boolean immediateReturn)。第 2 个参数 immediateReturn 表示方法是否立即返回，默认值为 false。在 Java 语言中，方法是顺序执行的，也就是说要等待上一个方法执行完毕，下一个方法才会开始执行。如果将 immediateReturn 设为 true，则不需要等待上一个方法执行完，下一个方法就开始执行。例如，分别让 A 电动机和 B 电动机转动 360°，如果 immediateReturn 的值是 false（这时它等效于 rotate（int angle）方法），运行下面的代码。

```
//A 电动机转动 360°
Motor.A.rotate(360, false);
//B 电动机转动 360°
Motor.B.rotate(360, false);
```

程序运行后,可以看到 A 电动机和 B 电动机是先后转动的,因为第二个指令要等待第一个指令执行完毕之后才执行。下面把参数改为 true。

```
//A 电动机转动 360°
Motor.A.rotate(360, true);
//B 电动机转动 360°
Motor.B.rotate(360, false);
```

重新运行程序,可以看到两个电动机是同时转动的,也就是说,第 2 个指令不需要等待第 1 个指令执行完毕。

类似的重载方法如表 6-16 所示。

表 6-16　含有"立即返回"指令的重载方法

方　法　名	说　　明
flt()	释放
flt(boolean immediateReturn)	
stop()	停止
stop(boolean immediateReturn)	
rotate(int angle)	转动
rotate(int angle, boolean immediateReturn)	
rotateTo(int limitAngle)	转动到
rotateTo(int limitAngle, boolean immediateReturn)	

3. rotateTo(int limitAngle)

(1) 功能:转动到指定的角度。

(2) 参数:

limitAngle——角度

rotateTo 方法的功能是让电动机转动到某个角度。区别于 rotate 方法的是,根据 leJOS 的定义,程序启动时电动机所在的位置是 0°,转动到 180°就是电动机正向转动半圈。这时再次调用 rotateTo 方法转动到 180°,因为电动机已经在 180°的位置了,所以指令无效。

```
import lejos.nxt.Motor;

public class TestMotor {
    public static void main(String[] args) {
        //A 电动机转动到 180°
        Motor.A.rotateTo(180);
        //A 电动机转动到 180°(无效)
```

```
        Motor.A.rotateTo(180);
    }
}
```

与 rotate 方法一样，rotateTo 方法也有第 2 个可选参数：boolean immediateReturn。用法与前者相同。

4. getTachoCount()

(1) 功能：获取当前角度。

(2) 参数：(无)。

getTachoCount 方法的功能是获取电动机当前的角度。在下面的代码中，先让电动机 A 转动 3s，然后在屏幕上显示当前的角度值。

```
import lejos.nxt.LCD;
import lejos.nxt.Motor;
import lejos.util.Delay;

public class TestMotor {
    public static void main(String[] args) {
        //A电动机前进
        Motor.A.forward();
        //等待 3s
        Delay.msDelay(3000);
        //A电动机立即停止
        Motor.A.stop();
        //显示当前位置
        LCD.drawInt(Motor.A.getTachoCount(), 0, 0);
        //5s后自动退出程序
        Delay.msDelay(5000);
    }
}
```

运行结果：屏幕显示 1080，说明电动机 A 在 3s 内转动了 1080°。也可以用这个例子比较一下 stop 方法和 flt 方法的不同。

```
import lejos.nxt.LCD;
import lejos.nxt.Motor;
import lejos.util.Delay;

public class TestMotor {
    public static void main(String[] args) {
        //A电动机前进
        Motor.A.forward();
        //B电动机前进
        Motor.B.forward();
        //3s
```

```
        Delay.msDelay(3000);
        //A电动机立即停止
        Motor.A.stop();
        //B电动机惯性滑动
        Motor.B.flt();
        //显示当前位置
        LCD.drawInt(Motor.A.getTachoCount(), 0, 0);
        //显示当前位置
        LCD.drawInt(Motor.B.getTachoCount(), 0, 1);
        //5s后自动退出程序
        Delay.msDelay(5000);
    }
}
```

运行结果：1080 和 1140。这个结果说明电动机 B 在惯性力的作用下，多滑动了 60°。

leJOS 提供了一个与 getTachoCount 对应的方法——resetTachoCount。这个方法的作用是重置电动机角度。例如，在上一例中，电动机转动后的角度是 1080°，这时调用 resetTachoCount 方法，角度将被重置为 0（电动机本身不转动）。

```
//显示当前位置
LCD.drawInt(Motor.A.getTachoCount(), 0, 0);//结果:1080
//重置角度
Motor.A.resetTachoCount();
//显示当前位置
LCD.drawInt(Motor.A.getTachoCount(), 0, 1);//结果:0
```

5. getSpeed0

（1）功能：获取当前速度。

（2）参数：（无）。

getSpeed 方法的功能是获取电动机当前的速度。

```
//显示速度
LCD.drawInt(Motor.A.getSpeed(), 0, 0);
```

运行结果：360。这个结果表示电动机每分钟转动 360°。leJOS 提供了另一种方法来改变电动机速度。

```
//设置速度
Motor.A.setSpeed(720);
```

速度的最大值是当前电压的 100 倍。NXT 主机使用 6 节 5 号电池供电，标准电压是 9V，所以速度的最大值理论上是 900。因为电池电压值并不是不变的，通常在 7～9V 之间浮动，所以尽量不要把速度值设置得过高，防止因电压下降导致无法驱动电动机。leJOS 提供了一种方法获取电动机的最大速度。

```
//最大速度
LCD.drawString("MAX:"+Motor.A.getMaxSpeed(), 0, 0);
```

这个方法的返回值是浮点型数值,表示当前电压下电动机能达到的最大速度。下面这个例子的功能是在程序中改变电动机转速并显示在屏幕上。

```
import lejos.nxt.LCD;
import lejos.nxt.Motor;
import lejos.util.Delay;

public class TestMotor {
    public static void main(String[] args) {
        //显示速度
        LCD.drawString(Motor.A.getSpeed()+"", 0, 0);         //结果:360
        //A 电动机前进
        Motor.A.forward();
        //3s
        Delay.msDelay(3000);
        //设置速度 720
        Motor.A.setSpeed(720);
        //显示速度
        LCD.drawString(Motor.A.getSpeed()+"", 0, 1);         //结果:720
        //A 电动机前进
        Motor.A.forward();
        //3s
        Delay.msDelay(3000);
        //A 电动机停止
        Motor.A.stop();
        //显示最大速度
        LCD.drawString(Motor.A.getMaxSpeed()+"", 0, 2);   //结果:774.0
        //5s 后自动退出程序
        Delay.msDelay(5000);
    }
}
```

6. isMoving()

功能:判断电动机是否在转动。

参数:(无)。

如果电动机在转动,isMoving 方法返回 true,否者返回 false。

```
import lejos.nxt.LCD;
import lejos.nxt.Motor;
import lejos.util.Delay;

public class TestMotor {
```

```
public static void main(String[] args) {
    //A电动机前进
    Motor.A.forward();
    //电动机是否在转动
    LCD.drawString(Motor.A.isMoving()+"", 0, 0);
    //5s后自动退出程序
    Delay.msDelay(5000);
    }
}
```

例 6-7　编写一个可以左转、右转、前进、后退的小车。

分析：搭建一个使用两个电动机驱动的小车，如图 6-24 所示。

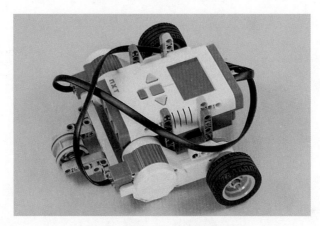

图 6-24　两个电动机驱动的小车

前进、后退功能通过调用电动机的 forward 方法和 backward 方法来实现。左转、右转通过让两个电动机一个前进，另一个后退来实现。在这个例子中编写 5 个子方法：前进、后退、左转、右转、停止来实现小车的 5 个基本操作，然后在主程序中调用这些方法控制小车的移动。自定义方法应该写在 main 方法外，并在 main 方法中调用。程序的功能设计见表 6-17。

表 6-17　功能列表

名　称	描　述	名　称	描　述
Motor. A	小车左轮	Motor. B	小车右轮

参考程序：

＜EasyCar.java＞

```
import lejos.nxt.Motor;
import lejos.util.Delay;

public class EasyCar {
    public static void main(String[] args) {
```

```java
        //小车前进
        Go();
        //3s
        Delay.msDelay(3000);
        //小车后退
        Back();
        //3s
        Delay.msDelay(3000);
        //小车左转
        Left();
        //3s
        Delay.msDelay(3000);
        //小车右转
        Right();
        //3s
        Delay.msDelay(3000);
        //小车停止
        Stop();
    }

    //前进
    private static void Go() {
        Motor.A.forward();
        Motor.B.forward();
    }

    //后退
    private static void Back() {
        Motor.A.backward();
        Motor.B.backward();
    }

    //左转
    private static void Left() {
        Motor.A.backward();
        Motor.B.forward();
    }

    //右转
    private static void Right() {
        Motor.A.forward();
        Motor.B.backward();
    }

    //停止
    private static void Stop() {
        Motor.A.stop(true);
        Motor.B.stop();
        Motor.A.flt();
```

```
        Motor.B.flt();
    }
}
```

6.4 按　钮

　　NXT 主机有 4 个物理按键：确定、取消、左键和右键。leJOS 提供了一个 Button 类来操作按钮。与 Motor 类相同，在 Button 类中，有 4 个属性，即 Button. ENTER、Button. ESCAPE、Button. LEFT 和 Button. RIGHT（见表 6-19），这 4 个属性对应 NXT 主机上的 4 个物理按键。

　　包：

```
import lejos.nxt.Button;
```

　　方法：

　　Button 类方法列表如表 6-18 所示。

表 6-18　Button 类方法列表

返回值	方　法　名	说　　明
void	addButtonListener(ButtonListener aListener)	注册监听器
int	callListeners()	呼叫监听器
void	discardEvents()	放弃事件
int	getId()	获取 ID
int	getKeyClickLength()	获取按键音长
int	getKeyClickTone(int key)	获取按键音
int	getKeyClickVolume()	获取按键音量
boolean	isDown()	是否按下
boolean	isPressed()	是否按下
boolean	isUp()	是否弹起
void	loadSettings()	加载设置
void	loadSystemSettings()	加载系统设置
int	readButtons()	读取按钮
void	setKeyClickLength(int len)	设置按键音长
void	setKeyClickTone(int key, int freq)	设置按键音
void	setKeyClickVolume(int vol)	设置按键音量
int	waitForAnyEvent(int timeout)	等待任何事件
int	waitForAnyPress()	等待任意按键按下
int	waitForAnyPress(int timeout)	等待任意按键按下
void	waitForPress()	等待按键按下
void	waitForPressAndRelease()	等待按键按下

属性：

Button 类属性列表见表 6-19。

表 6-19　Button **类属性列表**

返　回　值	属　性　名	说　　明
Button	ENTER	确定键
Button	ESCAPE	取消键
int	ID_ENTER	确定键 ID
int	ID_ESCAPE	取消键 ID
int	ID_LEFT	左键 ID
int	ID_RIGHT	右键 ID
Button	LEFT	左键
Button	RIGHT	右键
String	VOL_SETTING	设定值

基本用法：

1. isDown()

（1）功能：判断按键是否按下。

（2）参数：（无）。

在使用 Button 类之前，首先引入它所在的包。

```
import lejos.nxt.Button;
```

要判断一个按钮是否按下，代码如下：

```
if (Button.ENTER.isDown()) {
    //确定按钮被按下
    LCD.drawString("ENTER Button is down", 0, 0);
}
```

在前面的例子中，通过 Delay. msDelay()方法令程序经过一段时间延时后自动退出。在学习了 isDown 方法之后（见表 6-18），可以将程序改为按下取消键退出。

```
import lejos.nxt.Battery;
import lejos.nxt.Button;
import lejos.nxt.LCD;

public class TestButton {
    public static void main(String[] args) {
        //当取消键没有按下时
        while (!Button.ESCAPE.isDown()) {
            //显示电池电量
            LCD.drawString("Battery:"+Battery.getVoltage(), 0, 0);
        }
```

```
        }
    }
```

这段代码的含义是当取消键没有被按下时,while 循环内的语句被调用,屏幕上不断刷新显示当前的电池电量。

```
LCD.drawString("Battery:"+Battery.getVoltage(), 0, 0);
```

当取消键被按下时,循环终止,程序结束。与按键按下方法对应的还有按键弹起方法 isUp。

```java
import lejos.nxt.Button;
import lejos.nxt.LCD;

public class TestButton {
    public static void main(String[] args) {
        //当取消键没有按下时
        while (!Button.ESCAPE.isDown()) {
            //如果确定键按下
            if (Button.ENTER.isDown()) {
                LCD.drawString("down", 0, 0);
            }
            //如果确定键按下
            if (Button.ENTER.isUp()) {
                LCD.drawString("up  ", 0, 0);
            }
        }
    }
}
```

2. waitForAnyPress()

(1) 功能: 等待任意按键被按下。

(2) 参数: (无)。

waitForAnyPress 方法的功能是等待任意键被按下,它的返回值是一个整型,用来标识被按下按键的 ID。在第 4 章 HelloNXT. java 的代码中,使用它来作为程序的结束条件。

```java
import lejos.nxt.Button;
import lejos.nxt.LCD;

public class HelloNXT {
    public static void main(String[] args) {
        //显示"HelloNXT"
        LCD.drawString("HelloNXT", 0, 0);
        //按任意键退出
```

```
        Button.waitForAnyPress();
    }
}
```

运行结果：屏幕上显示文字"HelloNXT"。按下任意键，程序执行完毕，退出。waitForAnyPress 方法的返回值对应 Button 类的 4 个属性，如表 6-20 所示。

表 6-20　返回值与按键的对应关系

物 理 按 键	属　　　性	值
确定	ID_ENTER	1
取消	ID_ESCAPE	8
左	ID_LEFT	2
右	ID_RIGHT	4

3. addButtonListener(ButtonListener aListener)

（1）功能：注册监听器。

（2）参数：

aListener——监听器

addButtonListener 方法的功能是在按钮上注册监听器，监听按钮按下、弹起等事件。关于监听器的详细内容请阅读本书第 8 章。

例 6-8　使用按钮控制电动机。

分析：小车的前进、后退等功能，通过上一节例 6-7 所写的方法实现。程序启动后，不断检测是否有按键按下。当按键被按下时，程序判断并执行相应的操作。程序的功能设计如表 6-21 所示。

表 6-21　功能列表

名　　　称	描　　　述	名　　　称	描　　　述
Motor. A	小车左轮	［左键］	小车前进
Motor. B	小车右轮	［右键］	小车后退
［取消键］	退出程序		

参考程序：

<EasyCarCtrl. java>

```java
import lejos.nxt.Button;
import lejos.nxt.Motor;

public class EasyCarCtrl {
    public static void main(String[] args) {
        //按下 ESCAPE 键退出程序
        while (!Button.ESCAPE.isDown()) {
            //左键按下
            if (Button.LEFT.isDown()) {
```

```
            //小车前进
            Go();
            //锁定函数
            while (Button.LEFT.isDown()) {
            }
        }
        //右键按下
        if (Button.RIGHT.isDown()) {
            //小车后退
            Back();
            //锁定函数
            while (Button.RIGHT.isDown()) {
            }
        }
        //左键弹起
        if (Button.LEFT.isUp() && Motor.A.isMoving()) {
            //小车停止
            Stop();
        }
        //右键弹起
        if (Button.RIGHT.isUp() && Motor.A.isMoving()) {
            //小车停止
            Stop();
        }
    }
}

//前进
private static void Go() {
    Motor.A.forward();
    Motor.B.forward();
}

//后退
private static void Back() {
    Motor.A.backward();
    Motor.B.backward();
}

//停止
private static void Stop() {
    Motor.A.stop(true);
    Motor.B.stop();
    Motor.A.flt();
    Motor.B.flt();
}
}
```

6.5　数学计算

Java 提供了一个 Math 类用于数学计算,实现了包括加减乘除、求绝对值、求三角函数在内的各种数学运算。类中的所有方法都是静态方法,可以直接调用(见表 6-22)。Math 类有两个属性:e 和 pi,用于特殊的数学计算(见表 6-23)。

包:(无)

方法:

Math 类方法列表如表 6-22 所示。

表 6-22　Math 类方法列表

返回值	方　法　名	说　　明	举　　例
double	abs(double a)	返回 a 的绝对值	Math.abs(−8.5)的值为 8.5
float	abs(float a)	返回 a 的绝对值	Math.abs(−8.5) 的值为 8.5
int	abs(int a)	返回 a 的绝对值	Math.abs(−8) 的值为 8
long	abs(long a)	返回 a 的绝对值	Math.abs(−8) 的值为 8
double	acos(double a)	反余弦函数	Math.acos(0.5) * (180/Math.PI)的值为 60
double	asin(double a)	反正弦函数	Math.asin(0.5) * (180/Math.PI)的值为 30
double	atan(double x)	反正切函数	Math.atan(1) * (180/Math.PI)的值为 45
double	ceil(double a)	返回大于 a 的最小双精度整数	Math.ceil(−8.3)的值为−8.0
double	cos(double x)	余弦函数	Math.cos((90 * Math.PI / 180))的值为 0
double	exp(double x)	返回 E 的指定次幂	Math.exp(1)的值为 2.718281828459045
double	floor(double a)	返回小于 a 的最大双精度整数	Math.floor(−8.3)的值为−9
double	log(double x)	对数函数	Math.log(1)的值为 0
double	max (double a, double b)	返回 a、b 的最大值	Math.max(2.8,3.8)的值为 3.8
float	max(float a, float b)	返回 a、b 的最大值	Math.max(2.8,3.8)的值为 3.8
int	max(int a, int b)	返回 a、b 的最大值	Math.max(5,6)的值为 6
long	max(long a, long b)	返回 a、b 的最大值	Math.max(5,6)的值为 6
double	min(double a, double b)	返回 a、b 的最小值	Math.min(2.8,3.8)的值为 2.8
float	min(float a, float b)	返回 a、b 的最小值	Math.min(2.8,3.8)的值为 2.8
int	min(int a, int b)	返回 a、b 的最小值	Math.min(5,6)的值为 5
long	min(long a, long b)	返回 a、b 的最小值	Math.min(5,6)的值为 5
double	pow (double a, double b)	幂运算	Math.pow(2,3)的值为 8
double	random()	返回随机数	0≤Math.random()≤1
double	rint(double a)	返回最接近 a 的双精度整数	Math.rint(8.5)的值为 9

返回值	方法名	说　明	举　例
long	round(double a)	四舍五入	Math. round(8.5)的值 9
int	round(float a)	四舍五入	Math. round(8.5)的值 9
double	signum(double d)	返回 d 的符号	返回值是−1.0、0.0、1.0
float	signum(float f)	返回 f 的符号	返回值是−1.0、0.0、1.0
double	sin(double x)	正弦函数	Math. sin((30 * Math. PI / 180))的值为 0.5
double	sqrt(double x)	返回 x 的算术平方根	Math. sqrt(9)的值为 3
double	tan(double x)	正切函数	Math. tan((45 * Math. PI / 180))的值为 1

属性：

Math 类属性列表见表 6-23。

表 6-23　Math 类属性列表

返　回　值	属　性　名	说　明	值
double	E	常数 e	2.718281828459045
double	PI	圆周率 π	3.141592653589793

例 6-9　求绝对值、最大值、正弦值等数学表达式。

参考程序：

＜TestMath. java＞

```
import lejos.nxt.Button;

public class TestMath {
    public static void main(String[] args) {
        //绝对值
        System.out.println(Math.abs(-8.8));              //结果:8.8
        //最大值
        System.out.println(Math.max(5.1, 6.5));          //结果:6.5
        //正弦值
        System.out.println(Math.sin((30 * Math.PI / 180)));    //结果:0.5
        //四舍五入
        System.out.println(Math.round(8.5));             //结果:9
        //幂运算
        System.out.println(Math.pow(2, 4));              //结果:16.0
        //随机数
        System.out.println(Math.random());              //结果:0.049595402083
        //按任意键退出
        Button.waitForAnyPress();
    }
}
```

6.6 小 结

leJOS 提供的输出方式很灵活。如果只是简单的文字输出，推荐使用 print 方法。而熟练掌握 Graphics 类中方法，可以让程序展示出非常"炫"的效果。NXT 屏幕默认的刷新间隔是 300ms，在这个刷新率下可能会错过某些显示内容，可以调用 LCD 类的设置方法将其修改为 100ms 或更短。数学计算类在程序中随时有可能用到，最好是牢牢记住其中常用的方法名称。通过本章的学习，大家应该已经初步掌握了使用 leJOS 语言编写程序的方法，下一章将学习如何在程序中使用传感器。

第7章 传感器编程

传感器的作用是感知外界环境的变化。人类可以通过眼睛、鼻子、耳朵等器官获取外界信息，知道冷暖变化。机器人同样可以获取这些信息，甚至比人类的一些器官更加灵敏。这种机器人的"感觉器官"就叫做传感器。传感器首先采集外界的环境量变化，然后将其转化为供计算机读取的数字信号，计算机再根据这些信号进行分析判断之后，指挥机器人做出不同的响应动作。

leJOS提供了多个操作传感器的类。在使用传感器前，需要先将传感器用数据线连接在NXT主机的1、2、3、4端口上。所有的传感器类，都应该在初始化时指定从哪个端口获取返回值。可以通过SensorPort类的S1、S2、S3、S4属性来指定端口号。

7.1 触碰传感器

触碰传感器是所有传感器中最简单的一个，它只有两个值：true和false。如果按下触碰传感器上的按钮，它的值就是true，否则就是false。

包：

```
import lejos.nxt.SensorPort;
```

方法：

TouchSensor类方法列表如表7-1所示。

表 7-1　TouchSensor 类方法列表

返　回　值	方　法　名	说　　明
boolean	isPressed()	是否按下

isPressed()基本用法：

（1）功能：检测按钮是否按下。

（2）参数：（无）。

在使用TouchSensor类之前，首先要引入它所在的包。

```
import lejos.nxt.TouchSensor;
```

同 Graphics 类一样,在使用 TouchSensor 类之前,需要先实例化一个对象。创建对象的同时还要指定端口号。

```
//对象名称为 touch,端口号 S1
TouchSensor touch=new TouchSensor(SensorPort.S1);
```

获取传感器的值是一件很简单的事情。通过前面的学习已经知道,获取想要的某种信息,只要调用类中相对应的方法或属性就可以了。TouchSensor 类中只有一个方法 isPressed(见表 7-1),参数为空,返回值是布尔型,所以获取传感器的值如下:

```
//端口号 S1
TouchSensor touch=new TouchSensor(SensorPort.S1);
//结果
boolean result=touch.isPressed();
```

例 7-1　在屏幕上显示触碰传感器的值。

分析:将触碰传感器连接在 NXT 主机的 S1 端口上。首先实例化一个触碰传感器对象 touch,然后调用 isPressed 方法获取传感器的值,并使用 LCD. drawString 方法显示在屏幕上。

参考程序:

＜TestTouchSensor. java＞

```java
import lejos.nxt.Button;
import lejos.nxt.LCD;
import lejos.nxt.SensorPort;
import lejos.nxt.TouchSensor;

public class TestTouchSensor {
    public static void main(String[] args) {
        //端口号 S1
        TouchSensor touch=new TouchSensor(SensorPort.S1);
        //结果
        boolean result=touch.isPressed();
        //在屏幕上显示
        LCD.drawString("Pressed:"+result+"   ", 0, 0);
        //按任意键退出
        Button.waitForAnyPress();
    }
}
```

上传并运行程序后发现一个问题:无论如何按动触碰传感器上的按钮,屏幕上始终显示 false。造成这种情况的原因是,这是一个顺序结构的程序,程序启动后代码依次执行。在按下按钮之前,程序已经执行到最后一行了,这时再按动按钮,程序根本不予理会。所以要做的就是让程序持续运行,不断获取 isPressed 的值。这就要用到前面讲过的循环结构。

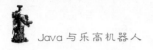

```
while(true){}
```

使用 true 作为条件,虽然可以让程序持续运行,但同时也让程序无法停止了。因为"任何条件"下,while 内的代码都在运行。现在要做的是把"任何条件"改为"退出按钮没有按下"这个条件。修改后的代码如下:

<TestTouchSensor.java>

```java
import lejos.nxt.Button;
import lejos.nxt.LCD;
import lejos.nxt.SensorPort;
import lejos.nxt.TouchSensor;

public class TestTouchSensor {
    public static void main(String[] args) {
        //端口号 S1
        TouchSensor touch=new TouchSensor(SensorPort.S1);
        //按下取消键退出程序
        while (!Button.ESCAPE.isDown()) {
            //结果
            boolean result=touch.isPressed();
            //在屏幕上显示
            LCD.drawString("Pressed:"+result+"   ", 0, 0);
        }
    }
}
```

💡 **注意**:在传感器编程中,很多情况下要通过 while 循环来不断获取传感器的值。

例 7-2　使用触碰传感器控制电动机前进后退。

分析:使用两个碰触传感器,分别插在 S1 和 S2 端口,电动机插在 A 端口。如果 S1 端口传感器按下,A 电动机调用 forword 方法正向转动;如果 S2 端口传感器按下,A 电动机调用 backword 方法向后转动。程序的功能设计见表 7-2。

表 7-2　功能列表

名　称	描　述	名　称	描　述
Motor. A	电动机	SensorPort. S2	碰触传感器 2
SensorPort. S1	碰触传感器 1	[取消键]	退出程序

参考程序:

<TestTouchSensor2.java>

```java
import lejos.nxt.Button;
import lejos.nxt.Motor;
import lejos.nxt.SensorPort;
import lejos.nxt.TouchSensor;
```

```java
public class TestTouchSensor2 {
    public static void main(String[] args) {
        //端口号 S1
        TouchSensor touch1=new TouchSensor(SensorPort.S1);
        //端口号 S2
        TouchSensor touch2=new TouchSensor(SensorPort.S2);
        //按下取消键退出程序
        while (!Button.ESCAPE.isDown()) {
            //如果传感器 1 按下
            if (touch1.isPressed()) {
                //前进
                Motor.A.forward();
                //锁定函数
                while (touch1.isPressed()) {
                }
            }
            //如果传感器 2 按下
            if (touch2.isPressed()) {
                //后退
                Motor.A.backward();
                //锁定函数
                while (touch2.isPressed()) {
                }
            }
            //电动机停止
            if (Motor.A.isMoving()) {
                Motor.A.flt();
            }
        }
    }
}
```

7.2　颜色传感器

　　乐高 NXT 8547 使用颜色传感器替代了光线传感器。老版本所含的光线传感器只能用于判断外界光线的强弱,而新的颜色传感器除了可以判断光线强弱,还可以辨别颜色。颜色传感器返回的值是 Color 类的枚举,当然也可以获取原始值自行判断。

　　请先将颜色传感器插在 NXT 主机的 1 号端口上。

　　包:

import lejos.nxt.ColorSensor;

　　方法:
　　ColorSensor 类方法列表见表 7-3。

表 7-3 ColorSensor 类方法列表

返 回 值	方 法 名	说 明
void	calibrateHigh()	校准上限值
void	calibrateLow()	校准下限值
ColorSensor.Color	getColor()	获取颜色
int	getColorID()	获取颜色 ID
int	getFloodlight()	获取 LED 光源颜色
int	getHigh()	获取上限值
int	getLightValue()	获取光线强度
int	getLow()	获取下限值
int	getNormalizedLightValue()	获取标准化的光强度
ColorSensor.Color	getRawColor()	获取原始颜色
int	getRawLightValue()	获取原始光线强度
boolean	isFloodlightOn()	LED 光源是否开启
void	setFloodlight(boolean floodlight)	设置照明灯
boolean	setFloodlight(int color)	设置照明灯
void	setHigh(int high)	设置上限
void	setLow(int low)	设置下限
protected	setType(int type)	设置类型

属性：

ColorSenser 类属性列表如表 7-4 所示。

表 7-4 ColorSensor 类属性列表

返 回 值	属 性 名	说 明
int[]	colorMap	颜色值
SensorPort	port	端口
int	type	类型

基本用法：

1. getColorID()

功能：获取颜色的 ID 值。

参数：（无）。

在使用 ColorSensor 类之前，首先要引入它所在的包。

```
import lejos.nxt.ColorSensor;
```

其次要创建一个 ColorSensor 对象：

```
//端口号 S1
ColorSensor color=new ColorSensor(SensorPort.S1);
```

getColorID 方法的返回值是一个整型，这个整型值代表了一种颜色的编号（见表 7-3）。leJOS 提供了一个 Color 类来管理这些颜色，颜色名称和颜色值的对应关系如表 7-5 所示。

表 7-5　颜色和 ID 对照表

颜　　色	ID 代码	颜　色　值
无	Color. NONE	−1
红色	Color. RED	0
绿色	Color. GREEN	1
蓝色	Color. BLUE	2
黄色	Color. YELLOW	3
紫色	Color. MAGENTA	4
橙色	Color. ORANGE	5
白色	Color. WHITE	6
黑色	Color. BLACK	7
粉色	Color. PINK	8
灰色	Color. GRAY	9
浅灰	Color. LIGHT_GRAY	10
深灰	Color. DARK_GRAY	11
青色	Color. CYAN	12

获取颜色 ID 的代码如下：

```
//获取颜色 ID
int colorID=color.getColorID();
```

　　可以在获取到颜色值之后，通过查询表 7-5 找到它所代表的颜色。当然更简单的办法是在程序中使用数组来获取这些颜色。使用颜色传感器辨别颜色的完整代码如下：

```
import lejos.nxt.Button;
import lejos.nxt.ColorSensor;
import lejos.nxt.LCD;
import lejos.nxt.SensorPort;

public class TestSensor {
    public static void main(String[] args) {
        //颜色数组
        String colorNames[]={ "None", "Red", "Green", "Blue", "Yellow",
                "Megenta", "Orange", "White", "Black", "Pink", "Grey",
                "Light Grey", "Dark Grey", "Cyan" };
        //端口号 S1
        ColorSensor color=new ColorSensor(SensorPort.S1);
        //按下取消键退出程序
        while (!Button.ESCAPE.isDown()) {
            //获取颜色 ID
            int colorID=color.getColorID();
```

```
            //在数组中查找对应的颜色
            LCD.drawString("color:"+colorNames[colorID+1]+"    ", 0, 0);
        }
    }
}
```

ColorSensor 类的属性列表如表 7-4 所示。

💡 **注意**：为了得到正确的颜色值，请尽量使颜色传感器靠近被测量物体。

2. getColor()

（1）功能：获取颜色。

（2）参数：（无）。

getColor 方法的返回值是一个 ColorSensor.Color 对象，它包含一组颜色数据。数据内容包括颜色的红色值（0~255）、绿色值（0~255）、蓝色值（0~255）和环境光强度。

```java
import lejos.nxt.Button;
import lejos.nxt.ColorSensor;
import lejos.nxt.LCD;
import lejos.nxt.SensorPort;

public class TestSensor {
    public static void main(String[] args) {
        //端口号 S1
        ColorSensor color=new ColorSensor(SensorPort.S1);
        //按下取消键退出程序
        while (!Button.ESCAPE.isDown()) {
            //获取颜色
            ColorSensor.Color value=color.getColor();
            //红色
            LCD.drawString("Red:"+value.getRed()+"   ", 0, 0);
            //绿色
            LCD.drawString("Green:"+value.getGreen()+"   ", 0, 1);
            //蓝色
            LCD.drawString("Blue:"+value.getBlue()+"   ", 0, 2);
            //环境光
            LCD.drawString("Light:"+value.getBackground()+"   ", 0, 3);
        }
    }
}
```

3. setFloodlight(int color)

（1）功能：开启并设置 LED 光源的颜色。

（2）参数：

color——颜色值

setFloodlight 方法用于设定传感器上的 LED 光源是否开启。这是在传感器头部的一个发光二极管,也可以称为照明灯。它有一个参数color可以设置光源的颜色,颜色值参照表7-5,可以使用的是蓝色、红色和绿色。

```
import lejos.nxt.Button;
import lejos.nxt.ColorSensor;
import lejos.nxt.SensorPort;
import lejos.robotics.Color;

public class TestSensor {
    public static void main(String[] args) {
        //端口号 S1
        ColorSensor color=new ColorSensor(SensorPort.S1);
        //白色照明光
        color.setFloodlight(Color.WHITE);
        //按任意键退出
        Button.waitForAnyPress();
    }
}
```

与 LED 光源相关的方法见表7-6。

表 7-6　操作 LED 光源的方法

方　　法	说　　明
setFloodlight(int color)	设置主动光源颜色
setFloodlight(boolean floodlight)	开启、关闭主动光源
isFloodlightOn()	检查主动光源是否开启
getFloodlight()	返回当前主动光源的颜色

注意:颜色设置为 Color.NONE 时 LED 光源关闭。

4. getLightValue()

(1)功能:获取光线强度。

(2)参数:(无)。

getLightValue 方法的功能是返回当前的光照强度。如果颜色传感器上的 LED 光源处于关闭状态,检测到的就是当前环境光的强度;如果主动光源处于开启状态,检测到的就是环境光和 LED 光源的叠加值。

```
import lejos.nxt.Button;
import lejos.nxt.ColorSensor;
import lejos.nxt.LCD;
import lejos.nxt.SensorPort;

public class TestSensor {
    public static void main(String[] args) {
        //端口号 S1
        ColorSensor color=new ColorSensor(SensorPort.S1);
```

```
    //关闭 LED 光源
    color.setFloodlight(false);
    //按取消键退出
    while (!Button.ESCAPE.isDown()) {
        //光线强度(0~100)
        LCD.drawString("light:"+color.getLightValue()+"   ", 0, 0);
        //原始光线强度
        LCD.drawString("LIGHT:"+color.getRawLightValue()+"   ", 0, 1);
    }
    }
}
```

getLightValue 方法和 getRawLightValue 方法的功能都是返回光线强度。前者将传感器采集的数值做了标准化处理,将没有光线时的值记为 0,光线强度最大值记为 100,其余数值平均分布在 0~100。后者返回的数据是光照的原始值。

例 7-3　根据光线传感器返回的结果,显示 dark 和 light。

分析:使用 getLightValue 方法测量当前的环境光强度大小,如果测量值大于 50 则显示 light,反之显示 dark。

参考程序:

<DarkOrLight.java>

```
import lejos.nxt.Button;
import lejos.nxt.ColorSensor;
import lejos.nxt.LCD;
import lejos.nxt.SensorPort;

public class DarkOrLight {
    public static void main(String[] args) {
        //端口号 S1
        ColorSensor color=new ColorSensor(SensorPort.S1);
        //关闭主动光源
        color.setFloodlight(false);
        //按取消键退出
        while (!Button.ESCAPE.isDown()) {
            int light=color.getLightValue();
            //光照强度大于 50
            if (light>50) {
                //显示明亮
                LCD.drawString("light!"+"   ", 0, 0);
            } else {
                //显示黑暗
                LCD.drawString("dark!"+"   ", 0, 0);
            }
        }
    }
}
```

7.3 距离传感器

距离传感器的功能是返回与被测量物体之间的距离。它有 4 种工作模式：关闭（off）、连续（continuous）、Ping（ping）和捕捉（capture）（见表 7-8），一般使用连续模式。

先将距离传感器连接到 NXT 主机的 1 号端口上。

包：

```
import lejos.nxt.UltrasonicSensor;
```

方法：

UltrasonicSensor 类方法列表如表 7-7 所示。

表 7-7 UltrasonicSensor 类方法列表

返回值	方 法 名	说 明
int	capture()	捕获模式
int	continuous()	连续模式
int	getActualMode()	获取当前的工作模式
int	getCalibrationData(byte[] data)	获取标准数据
int	getContinuousInterval()	连续模式工作周期
int	getData(int register, byte[] buf, int off, int len)	获取数据
int	getDistance()	获取距离
int	getDistances(int[] dist)	获取距离
int	getDistances(int[] dist, int off, int len)	获取距离
int	getFactoryData(byte[] data)	获取工厂数据
int	getMode()	当前的工作模式
float	getRange()	获取距离
float[]	getRanges()	获取距离
String	getUnits()	单位(英寸、厘米)
int	off()	关闭
int	ping()	Ping 模式
int	reset()	重置
int	sendData(int register, byte[] buf, int off, int len)	发送数据
int	setCalibrationData(byte[] data)	设置标准数据
int	setContinuousInterval(int interval)	设置连续模式工作周期
int	setMode(int mode)	设置模式

属性：

UltrasonicSensor 类属性列表，如表 7-8 所示。

表 7-8　UltrasonicSensor 类属性列表

返 回 值	属 性 名	说 明
byte	MODE_CAPTURE	捕获模式
byte	MODE_CONTINUOUS	连续模式
byte	MODE_OFF	关闭
byte	MODE_PING	Ping 模式
byte	MODE_RESET	重置

基本用法：

1. continuous()

（1）功能：把传感器的工作模式设置为连续模式。

（2）参数：（无）。

在使用 UltrasonicSensor 类之前，首先要引入它所在的包：

```
import lejos.nxt.UltrasonicSensor;
```

其次要创建一个 UltrasonicSensor 对象：

```
//端口号 S1
UltrasonicSensor sonic=new UltrasonicSensor(SensorPort.S1);
//连续模式
sonic.continuous();
```

通过调用 UltrasonicSensor 对象的 continuous 方法可以将传感器的工作模式设置为连续模式（见表 7-7）。其他 3 种模式有：关闭模式，功能是将传感器关闭；Ping 模式，传感器只发出一次超声波；捕获模式，传感器不发出超声波，只等待接收另外一个距离传感器发出的超声波。

2. getDistance()

（1）功能：返回与被测量物体之间的距离。

（2）参数：（无）。

getDistance 方法返回距离传感器与被测量物体之间的距离，单位是 cm。测量范围大致是 10～255cm，超出测量范围则返回 255。

```
import lejos.nxt.Button;
import lejos.nxt.LCD;
import lejos.nxt.SensorPort;
import lejos.nxt.UltrasonicSensor;

public class TestSonicSensor {
    public static void main(String[] args) {
        //端口号 S1
        UltrasonicSensor distance=new UltrasonicSensor(SensorPort.S1);
```

```
        //连续模式
        distance.continuous();
        //按取消键退出
        while (!Button.ESCAPE.isDown()) {
            //显示距离
            LCD.drawString(distance.getDistance()+"  cm", 0, 0);
        }
    }
}
```

例 7-4　遇到障碍物后自动停车。

分析：小车的前进、停止方法依然使用例 6-7 所写的方法。当按下确定键时，小车前进。前进过程中不断检查距离传感器传回的数据，当与障碍物的距离小于 10cm 时，小车停止前进。程序的功能设计见表 7-9。

表 7-9　功能列表

名　称	描　述	名　称	描　述
Motor. A	小车左轮	［确定键］	启动小车
Motor. B	小车右轮	［取消键］	退出程序
SensorPort. S1	距离传感器		

参考程序：

＜SmartCar.java＞

```java
import lejos.nxt.Button;
import lejos.nxt.Motor;
import lejos.nxt.SensorPort;
import lejos.nxt.UltrasonicSensor;

public class SmartCar {
    public static void main(String[] args) {
        //运行状态
        boolean isRunning=false;
        //端口号 S1
        UltrasonicSensor sonic=new UltrasonicSensor(SensorPort.S1);
        //连续模式
        sonic.continuous();
        //按取消键退出
        while (!Button.ESCAPE.isDown()) {
            //如果在小车静止的情况下按下确定键
            if (!isRunning && Button.ENTER.isDown()) {
                //前进
                Go();
                //修改运行状态
                isRunning=true;
                //当小车在运行中时
```

```
        while (isRunning) {
            //接近障碍物
            if (sonic.getDistance()<10) {
                Stop();
                isRunning=false;
            }
        }
        }
    }
}

//前进
private static void Go() {
    Motor.A.forward();
    Motor.B.forward();
}

//停止
private static void Stop() {
    Motor.A.stop(true);
    Motor.B.stop();
    Motor.A.flt();
    Motor.B.flt();
}
}
```

7.4　角度传感器

　　NXT 的电动机既可以作为一个输出设备,又可以作为一个输入设备。当它作为输入设备时,就是角度传感器,它的功能是返回电动机转过的角度。详细用法请阅读 6.3 节。

　　例 7-5　转动电动机,并在屏幕上显示转动的角度。

　　分析:调用 Motor 类的 getTachoCount 方法获得电动机的角度值,并显示在屏幕上。功能设计如表 7-10 所示。

表 7-10　功能列表

名　　称	描　　述	名　　称	描　　述
Motor. A	电动机	［取消键］	退出程序
［确定键］	角度归零		

参考程序:

＜TachoCount. java＞

```
import lejos.nxt.Button;
import lejos.nxt.LCD;
import lejos.nxt.Motor;
```

```
public class TachoCount {
    public static void main(String[] args) {
        //角度:
        LCD.drawString("angle:", 0, 0);
        //按取消键退出
        while (!Button.ESCAPE.isDown()) {
            //当前角度
            int angle=Motor.A.getTachoCount();
            //显示
            LCD.drawInt(angle, 4, 0, 1);
            //按确定键角度归零
            if (Button.ENTER.isDown()) {
                Motor.A.resetTachoCount();
                Motor.A.flt();
            }
        }
    }
}
```

7.5 小　结

　　本章介绍的 4 个传感器是 NXT 8547 的标准配置。传感器在使用前都要先实例化一个传感器对象,同时通过构造函数指定传感器端口。如果传感器的采样率过高,程序不需要采集如此详细的数据,可以使用 Delay 函数来降低采样频率。其他的传感器以及第三方传感器在使用上都大同小异,本书就不逐一介绍了。

第8章 线程与监听

前面几章介绍了 Java 的基本语法和 leJOS 编程的基础知识。运用这些知识已经能够开发一些简单的应用程序了。当开始编写更加复杂的程序时，将会面临一个新的问题——线程处理。本章首先讲解线程的基础知识以及如何开启多个线程，然后向大家引进监听这个概念。合理运用线程和监听，有助于编写出具有复杂逻辑的应用程序。

8.1 线　　程

8.1.1 线程概述

线程是高级编程语言处理并发任务的一种方式。并发任务相当于我们生活中的多件事情同时进行。比如生活中可以一边听音乐，一边看书，而不是看书时就要停下音乐，或者听完了音乐才能看书。前面两章讲到的机器人编程，大多数都是在一个线程中进行的。例如，控制 A 电动机前进，或是让蜂鸣器发出连续的短提示音。有没有办法让电动机在前进的同时蜂鸣器也发出声音呢？有，这就要用到多线程（见图 8-1）。

每一个 Java 程序都是从 main 函数开始执行的。当 main 函数执行时，程序就启动了一个主线程。

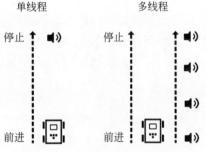

图 8-1　多线程程序可以同时执行多个操作

```
//主线程
public static void main(String[] args) {
    //控制小车前进、后退
}
```

如果不做线程处理的话，那么这个程序就是单线程程序。在主线程中，再启动一个新的线程 t，将控制声音播放的代码放在这个线程中执行，最后达到的效果就是小车边前进边发出"嘀嘀"声了。

```
//子线程
Thread t=new Thread(new Runnable() {
```

```
@Override
public void run() {
    //TODO Auto-generated method stub
    //蜂鸣器发出"嘀嘀"声
    }
});
```

多线程在 leJOS 的传感器编程、按钮监听和数据通信中起着重要的作用。

8.1.2　生命周期和优先级

1. 生命周期

线程具有 5 个状态：新建、就绪、运行、阻塞和结束。线程的生命周期就是在这 5 个状态之间相互转换的一个过程，如图 8-2 所示。

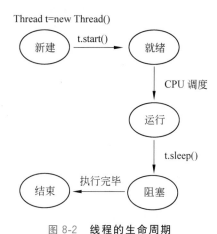

图 8-2　线程的生命周期

Java 提供了用于操作线程的类——Thread 类。每实例化一个 Thread 对象，就新建了一个线程。

```
//新建线程
Thread t1=new Thread();
```

现在新线程的名称叫做 t1，它的状态是"新建"，这时系统还未对其分配 CPU 资源。当线程调用 Thread 类的 start 方法启动后，就进入了"就绪"状态。

```
//启动线程
t1.start();
```

线程 t1 调用 start 方法启动之后，并未真正开始运行。这时的线程处于一种随时可以运行的状态，但是何时运行，要等待 CPU 的调度。CPU 会根据每个线程的优先级不同来分配资源，一旦满足运行条件（通常都会在极短的时间内完成），线程就进入了"运行"状态。一个线程要做的工作，都应该写在这个线程的 run 方法内。处于运行状态的线程自

动执行 run 方法内的代码段。

```
@Override
public void run() {
    //代码段
}
```

如果要暂停当前线程,可以调用 sleep 方法。调用 sleep 方法后,线程暂停运行,这个线程进入"阻塞"状态。这时其他线程就可能获取 CPU 资源,进入运行状态。当一段时间之后,"阻塞"状态解除,线程又会进入"运行"状态。

```
//暂停
t1.sleep(5000);
```

除了使用 sleep 方法,还有 yield、wait 和 notify 方法可以使线程进入阻塞状态。运行中的线程,当 run 方法内的代码段全部运行完毕,线程自动结束。

2. 优先级

CPU 在调度线程时是根据优先级不同先后执行的,优先级高的线程会优先执行。同时优先级高的线程,在其他子线程进入阻塞状态后优先获取 CPU 资源。优先级的范围是 1～10,可以使用 setPriority() 方法设置优先级,也可以随时使用 getPriority() 方法查看优先级。默认值是 5。

8.1.3　编写多线程程序

我们已经知道,新建一个线程就是创建一个 Thread 对象,启动线程就是调用 start 方法,而线程要实现的操作和功能是在 run 方法中完成的。下面就来编写一个多线程程序。

例 8-1　一边前进一边发出"嘀嘀"声的小车。

分析:小车的控制沿用例 6-8 的代码:按下 NXT 左键,小车前进;按下 NXT 右键,小车后退。在程序启动的同时创建一个子线程,实时检查电动机的工作状态。如果电动机处于工作中,蜂鸣器发出连续的短音。

(1) 新建一个线程。

```
//新建一个线程
Thread t1=new Thread();
```

(2) 定义 run() 方法。

可以在一个 Thread 类的子类中编写自己的 run 方法,也可以通过实现 Runnable 接口来实现 run 方法。Java 提供的 Runnable 接口内只有一个抽象方法——void run()。重写(Override)这个方法,就可以实现自己的 run 方法。实现了 Runnable 接口的类,可以直接作为 Thread 类的构造函数的参数使用。修改步骤 1 的代码如下:

```
//新建一个线程,并实现 run 方法
```

```
Thread t1=new Thread(new Runnable() {
    //重写 run 方法
    @Override
    public void run() {
        //代码段
    }
});
```

（3）发出提示音。

要实时检测电动机的运行状态，所以代码应该放在一个 while(true)循环中。

```
while (true) {
    //检查电动机状态
    if (Motor.A.isMoving()) {
        //发出"嘀嘀"声
        Sound.beep();
    }
}
```

每次发出声音后，要停顿半秒钟，这个功能可以通过让线程睡眠(sleep)来实现。

```
try {
    //间隔时间
    Thread.sleep(500);
} catch (InterruptedException e) {
    //TODO Auto-generated catch block
    e.printStackTrace();
}
```

这段代码都应该在 run()方法中执行，完成后的代码如下：

```
//新建一个线程,并实现 run 方法
Thread t1=new Thread(new Runnable() {
    //重写 run 方法
    @Override
    public void run() {
        while (true) {
            //检查电动机状态
            if (Motor.A.isMoving()) {
                //发出"嘀嘀"声
                Sound.beep();
            }
            try {
                //间隔时间
                Thread.sleep(500);
            } catch (InterruptedException e) {
                //TODO Auto-generated catch block
```

```
                    e.printStackTrace();
                }
            }
        }
    });
```

（4）启动线程

```
//启动 t1 线程
t1.start();
```

线程启动后，程序会一边执行原有的前进、后退功能，一边执行 run() 方法内的操作。
完整的代码如下：

＜ThreadCar.java＞

```
import lejos.nxt.Button;
import lejos.nxt.Motor;
import lejos.nxt.Sound;

public class ThreadCar {
    //运行状态
    static boolean isRunning=false;

    public static void main(String[] args) {
        //新建一个线程，并实现 run 方法
        Thread t1=new Thread(new Runnable() {
            //重写 run 方法
            @Override
            public void run() {
                //发出提示音
                TakeSound();
            }
        });
        //启动 t1 线程
        t1.start();
        //屏蔽按键默认声音
        Button.setKeyClickVolume(0);
        while (true) {
            //左键按下
            if (!isRunning && Button.LEFT.isDown()) {
                //小车前进
                Go();
                //修改运行状态
                isRunning=true;
            }
            //右键按下
            if (!isRunning && Button.RIGHT.isDown()) {
```

```
            //小车后退
            Back();
            //修改运行状态
            isRunning=true;
        }
        //按键弹起
        if (isRunning && Button.LEFT.isUp() && Button.RIGHT.isUp()) {
            //小车停止
            Stop();
            //修改运行状态
            isRunning=false;
        }
        //按下取消键，程序退出
        if (Button.ESCAPE.isDown()) {
            System.exit(0);
        }
    }
}

//前进
private static void Go() {
    Motor.A.forward();
    Motor.B.forward();
}

//后退
private static void Back() {
    Motor.A.backward();
    Motor.B.backward();
}

//停止
private static void Stop() {
    Motor.A.stop(true);
    Motor.B.stop();
    Motor.A.flt();
    Motor.B.flt();
}

//发出提示音
private static void TakeSound() {
    //实时检查电动机状态
    while (true) {
        //如果电动机处于工作状态
        if (isRunning) {
            //发出提示音
            Sound.beep();
            try {
                //间隔时间
```

```
                    Thread.sleep(500);
                } catch (InterruptedException e) {
                    e.printStackTrace();
                }
            }
        }
    }
}
```

在正式的程序中，使用了一个标识 isRunning 来判断小车是否在运行，这就避免了经常检查 Motor. A. isMoving() 和 Motor. B. isMoving()。同时将 run 方法的内容写在一个单独的方法中，放在程序的最后，使整段代码看上去更加整齐和规范。

8.2 监听

8.2.1 监听概述

监听是 Java 中用来处理事件的一种机制。当事件源触发一个事件时，监听机制会捕捉到这个事件，并调用相关方法处理。例如，一个按钮对象，当它作为事件源时，发生在按钮上的事件有按键按下、按键弹起。而一旦这两个事件发生，监听机制就会调用相应的方法来响应这两个事件，如图 8-3 所示。

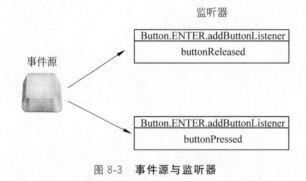

图 8-3　事件源与监听器

因为监听是运行在独立线程中的，所以它是多线程应用的一个典型案例。来看下面这段代码。

```
while (true) {
    //按下取消键，程序退出
    if (Button.ESCAPE.isDown()) {
        System.exit(0);
    }
}

//颜色传感器
ColorSensor color=new ColorSensor(SensorPort.S1);
```

```
while (true) {
    //显示光线强度
    LCD.drawInt(color.getLightValue(), 0, 0);
}
```

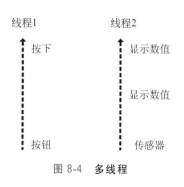

图 8-4　多线程

这段代码的目的是在屏幕上显示外界的光线强度，当退出键被按下时，程序退出。第一个 while 循环用来等待按钮按下，第二个 while 循环用来显示传感器传回的数值。但是由于第一个 while 循环恒成立，程序始终运行在这个循环里，无法执行下面的代码。显然，这并不符合设计要求。可以应用上一节学习到的知识，开启两个线程，分别放置两个 while 循环，互不干扰，就解决了这个问题，如图 8-4 所示。

更好的解决办法是运用 Java 的监听机制。对按钮这个对象添加一个监听器，监听按钮按下事件。

```
//添加监听器
Button.ESCAPE.addButtonListener(null);
```

一旦对象被注册了监听，那么这个监听就拥有了一个独立线程。也就是说，有一个专用的监听线程在工作，你无须手工创建新的线程。添加完监听后，上面的代码变为：

```
//添加监听器
Button.ESCAPE.addButtonListener(null);

//颜色传感器
ColorSensor color=new ColorSensor(SensorPort.S1);
while (true) {
    //显示光线强度
    LCD.drawInt(color.getLightValue(), 0, 0);
}
```

下一节将详细讲解如何给按钮添加监听器并实现各种功能。

8.2.2　为按钮添加监听器

为按钮添加监听器，就是调用 Button 对象的 addButtonListener 方法。监听器一旦添加就已经开始工作，不需要像线程（Thread）一样调用 start 或 run 方法。下面通过一个例子来学习监听器的使用。

例 8-2　使用按钮控制电动机转速。

分析：对 NXT 主机的确定、取消、左键和右键 4 个按钮分别注册监听器，当确定键被按下时，电动机开始转动。按下左键电动机减速，按下右键电动机加速。如果采用多线程的方式，不仅工作量很大，代码可读性也很差，这时使用监听器就很方便。程序的功能设

计如表 8-1 所示。

表 8-1　功能列表

键　名	功　能
［确定键］	启动/停止电动机
［左键］/［右键］	加速/减速
［取消键］	退出程序

（1）对确定键注册监听器。

```
//添加监听器
Button.ENTER.addButtonListener(new ButtonListener() {
    @Override
    public void buttonReleased(Button b) {

    }

    @Override
    public void buttonPressed(Button b) {

    }
});
```

ButtonListener 接口包含两个抽象方法：按钮弹起（buttonReleased）和按下（buttonPressed）。在 ButtonListener 的对象中重写（Override）这两个方法，并将这个对象作为参数传递给 addButtonListener 方法，就完成了监听器的注册。接着编写代码，当确定键按下时，电动机开始转动：

```
//按钮按下
@Override
public void buttonPressed(Button b) {
    //电动机转动
    Motor.A.forward();
}
```

（2）对左键注册监听器。

左键按下，电动机减速：

```
Button.LEFT.addButtonListener(new ButtonListener() {
    @Override
    public void buttonReleased(Button b) {

    }

    @Override
    public void buttonPressed(Button b) {
        //电动机减速 50
        Motor.A.setSpeed(Motor.A.getSpeed()-50);
```

```
    }
});
```

（3）对右键注册监听器。

右键按下，电动机加速：

```
Button.RIGHT.addButtonListener(new ButtonListener() {
    @Override
    public void buttonReleased(Button b) {

    }

    @Override
    public void buttonPressed(Button b) {
        //电动机加速 50
        Motor.A.setSpeed(Motor.A.getSpeed()+50);
    }
});
```

（4）对取消键注册监听器。

取消键按下，程序退出：

```
Button.ESCAPE.addButtonListener(new ButtonListener() {
    @Override
    public void buttonReleased(Button b) {

    }

    @Override
    public void buttonPressed(Button b) {
        //退出
        System.exit(0);
    }
});
```

完整的代码：

＜ListenButton.java＞

```
import lejos.nxt.Button;
import lejos.nxt.ButtonListener;
import lejos.nxt.LCD;
import lejos.nxt.Motor;

public class ListenButton {
    public static void main(String[] args) {
        //为 Button.ENTER 注册监听器
        Button.ENTER.addButtonListener(new ButtonListener() {
```

```
        @Override
        public void buttonReleased(Button b) {


        }

        @Override
        public void buttonPressed(Button b) {
            if (Motor.A.isMoving()) {
                //电动机停止
                Motor.A.flt();
            } else {
                //默认速度
                Motor.A.setSpeed(360);
                //电动机运行
                Motor.A.forward();
            }
        }
    });

    //为 Button.LEFT 注册监听器
    Button.LEFT.addButtonListener(new ButtonListener() {

        @Override
        public void buttonReleased(Button b) {


        }

        @Override
        public void buttonPressed(Button b) {
            //当电动机运行时
            if (Motor.A.isMoving()) {
                //电动机速度减 50
                int speed=Motor.A.getSpeed()-50;
                //速度大于等于 0
                if (speed<0)
                    speed=0;
                Motor.A.setSpeed(speed);
                Motor.A.forward();
            }
        }
    });

    //为 Button.RIGHT 注册监听器
    Button.RIGHT.addButtonListener(new ButtonListener() {

        @Override
        public void buttonReleased(Button b) {


        }
```

```
@Override
public void buttonPressed(Button b) {
    //当电动机运行时
    if (Motor.A.isMoving()) {
        //电动机速度加 50
        int speed=Motor.A.getSpeed()+50;
        //速度小于等于 700
        if (speed>700)
            speed=700;
        Motor.A.setSpeed(speed);
        Motor.A.forward();
    }
}
});

//退出
while (!Button.ESCAPE.isDown()) {
    //显示电动机速度
    LCD.drawString("Speed:"+Motor.A.getSpeed()+"   ", 0, 0);
}
}
}
```

在正式的代码中,并没有对取消键注册监听器。这是因为此时使用 while 循环更加便于显示信息。所以在学习编程的过程中,一定要注意知识的灵活掌握和综合运用。

8.3　小　　结

为按钮添加监听是捕捉按钮事件的一个好办法。但并不是所有的程序都适合使用监听器,有时候简单的 Button. waitForAnyPress()语句会达到更好的效果。

按钮支持按下和弹起两个事件。这两个事件在大多数情况下是通用的,但是也存在区别。众所周知,调节电子表的时间时,需要按下调节按钮不放,时间才会持续增加或减少,这就是 buttonPressed(按下)事件。如果把程序退出的语句放在 buttonReleased(弹起)事件里,那么当按下退出按钮时程序还在运行着,直到放开手,让按钮弹起,程序才会结束。请注意这其中的区别。

第9章 综合实验

本章通过 5 个示例程序,综合运用前面各章节的知识。乐高巡线车可以使用一个或多个光线传感器采集光线数据。这里以一个光线传感器为例,讲解如何通过判断传感器数值来控制小车的前进方向。自动避障车、防跌落小车、测距仪 3 个实验是对传感器、电动机、按钮和循环语句的综合练习。环境光检测仪实验使用乐高机器人制作了一个日常生活中的小工具。通过对这些例子的学习,读者也能够用乐高积木搭建出不同功能的实用机器人。

9.1　单光感巡线车

1. 实验目的

设计一个带有光线传感器的轮式机器人,机器人可以沿着黑线行走。为了使其转向灵活,建议搭建一辆 3 轮小车。可以参考图 9-1 的样式。

光线传感器应当尽可能地靠近地面,距离控制在 1cm 以内。两个轮子分别插在 NXT 主机的 B(左轮)端口和 C(右轮)端口上。光线传感器插在 1 号输入口上。

2. 分析

巡线行走是智能机器人的一个常见功能。通过前面章节的学习,我们知道光线传感器可以返回外界光线强度。在设计的程序中,通过传感器传回的数据判断机器人是处于线上还是线外,然后调整电动机的转速,改变小车行进方向,达到巡线行走的目的,如表 9-1 所示。

图 9-1　带有光线传感器的智能小车

表 9-1　读取黑线的参考值

	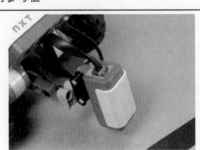
读取黑线上的光线值 a_1	读取黑线外的光线值 a_2

分别读取黑线上的光线值 a_1 和黑线外的光线值 a_2,两个数值的平均值就是小车的巡线参考值,记做临界值。当只有一个光线传感器时,小车可以选择沿着黑线的右侧前进,也可以沿着黑线的左侧前进。在本实验中,小车选择沿着黑线的右侧前进。当光线传感器返回的数值大于临界值时,说明小车偏离黑线,这时需要小车左侧电动机减速,右侧电动机加速,使小车向左前方前进。反之,光线值小于临界值,说明小车偏向黑线方向,需要小车向右调整方向。如表 9-2 所示。

表 9-2　根据光线值调整前进方向

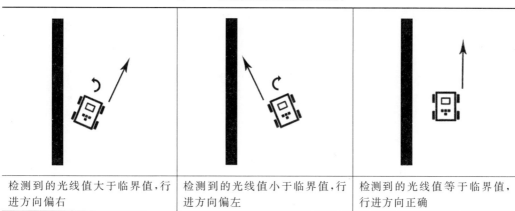

检测到的光线值大于临界值,行进方向偏右	检测到的光线值小于临界值,行进方向偏左	检测到的光线值等于临界值,行进方向正确

程序的功能设计见表 9-3。

表 9-3　功能列表

名　称	描　述	名　称	描　述
Motor.B	小车左轮	[确定键]	启动
Motor.C	小车右轮	[取消键]	退出程序
SensorPort.S1	光线传感器		

3. 参考程序

(1) 定义程序中会用到的变量。

```
//当前状态 0-待机,1-初始化,2-初始化完毕
static int status=0;
//动力
static int Power=360;
//动力增益
static int Gain=500;
//颜色传感器
static ColorSensor cs=new ColorSensor(SensorPort.S1);
//光线强度
static int Light=0;
//巡线值下限
static int LineMin=9999;
//巡线值上限
```

```
static int LineMax=0;
//巡线值
static int LineMid=0;
```

状态标识 status 表示巡线机器人当前的运行状态。当状态值为 0 时，机器人待机，等待指令。状态值为 1 时，机器人初始化。这时光线传感器启动，程序开始记录传感器返回的数值，并与记录的巡线值下限和巡线值上限作比较。如果超出这个范围，则使用新数据替换旧数据。初始化完成，状态值变为 2，巡线值下限和上限的数值不再变化。动力和动力增益分别用于设置小车的默认速度和需要转向时的电动机速度。

（2）实时获取传感器数据。

当小车处于非待机状态时，程序需要实时获取传感器的返回值。为了便于观察数据，调用 LCD. drawInt()方法将数值显示在屏幕上。因为传感器数值的获取和显示都是连续进行的，为了不影响机器人的其他功能，将它放到一个单独的线程中去。这个线程在小车初始化时启动。

```
//t1线程用于实时显示每个变量的值
Thread t1=new Thread(new Runnable() {
    @Override
    public void run() {
        while (true) {
            //光线强度
            Light=cs.getLightValue();
            //初始化最大值和最小值
            if (status==1) {
                if (LineMax<Light) {
                    //巡线值上限
                    LineMax=Light;
                } else if (LineMin>Light) {
                    //巡线值下限
                    LineMin=Light;
                }
                //巡线值
                LineMid=(int) (LineMax+LineMin) / 2;
            }
            //光线强度
            LCD.drawInt(Light, 4, 12, 2);
            //巡线值
            LCD.drawInt(LineMid, 4, 12, 3);
            //巡线值下限
            LCD.drawInt(LineMin, 4, 12, 4);
            //巡线值上限
            LCD.drawInt(LineMax, 4, 12, 5);
        }
    }
});
```

（3）给按钮注册监听器。

按下取消键，退出程序。因为前两个步骤是运行在独立的线程中，所以可以放在其他代码之前执行。

```
//为 Button.ESCAPE 注册监听器
Button.ESCAPE.addButtonListener(new ButtonListener() {
    @Override
    public void buttonReleased(Button b) {
        //退出程序
        System.exit(0);
    }

    @Override
    public void buttonPressed(Button b) {

    }
});
```

（4）显示欢迎信息。

一个完整的程序，除了必须完成的基本功能，良好的用户体验也是应该考虑到的。通过在屏幕上显示一些运行信息，可以让用户了解到当前程序在做些什么，是否工作正常等。显示完欢迎信息之后，程序等待用户按下任意键，才会继续运行接下来的代码。

```
//显示欢迎信息
LCD.clear();
LCD.drawString("LineFollower", 0, 0);
LCD.drawString("Demo by iRobot", 0, 1);
LCD.drawString("Light:", 0, 2);          //光线值
LCD.drawString("Line:", 0, 3);           //巡线值
LCD.drawString("LineMin:", 0, 4);        //巡线值下限
LCD.drawString("LineMax:", 0, 5);        //巡线值上限
LCD.drawString("Ready!", 0, 6);          //就绪
//等待任意键按下
Button.waitForAnyPress();
```

（5）初始化数据。

将小车放在黑线左侧并启动程序，随后小车开始初始化数据。在这个过程中，小车缓慢地从左向右原地转动，并记录检测到的光线最大值和最小值。当记录完毕时，使用最大值和最小值的平均值作为巡线值。接下来小车从黑线右侧缓慢向左转动，直到光线传感器返回的数值等于巡线值，小车停止。此时小车已经完成数据初始化工作，并且停在黑线右侧，准备前进。

```
//小车右转
Motor.B.rotateTo(720, true);
Motor.C.rotateTo(-720);
```

```
Motor.B.stop();
Motor.C.stop();
//初始化完毕
status=2;
//小车左转
Motor.B.backward();
Motor.C.forward();
//等待当前光照值与巡线值相等
while (Light !=LineMid) {
}
//小车停止在线的右侧
Motor.B.stop(true);
Motor.C.stop();
```

（6）巡线小车前进

初始化完毕，小车开始前进。光线传感器传回实时的光线值，这个值与巡线值对比之后，程序自动调整小车的前进方向。小车如果没有偏离黑线，就按照动力初始值设定的速度前进。当发生偏离时，小车对电动机 B 和电动机 C 进行动力补偿。偏向哪个方向，哪一侧的电动机就增加一定的动力，另一侧电动机减少一定的动力。偏离黑线越远，补偿的动力值就越大。动力补偿值的计算公式如下：

$$动力补偿=\frac{（当前光线强度－巡线值）×动力增益}{光差范围}$$

通过动力补偿控制小车电动机的代码如下：

```
//动力补偿=[(当前光线强度-巡线值) * 动力增益]/光差范围
int PowerGain=((Light-LineMid) * Gain) / Range;
//左轮速度(动力补偿-基础动力)
Motor.B.setSpeed(Power-PowerGain);
//右轮速度(动力补偿+基础动力)
Motor.C.setSpeed(Power+PowerGain);
```

在实际操作中，小车的搭建方式、轮子大小会有所不同，动力、动力增益的数值应该根据实际情况进行调整，使小车达到最佳的运动状态。完成后的代码如下：

＜LineFollower.java＞

```
import lejos.nxt.Button;
import lejos.nxt.ButtonListener;
import lejos.nxt.ColorSensor;
import lejos.nxt.LCD;
import lejos.nxt.Motor;
import lejos.nxt.SensorPort;
import lejos.nxt.Sound;

public class LineFollower {
    //当前状态 0-待机,1-初始化,2-初始化完毕
    static int status=0;
    //动力
```

```java
static int Power=360;
//动力增益
static int Gain=500;
//颜色传感器
static ColorSensor cs=new ColorSensor(SensorPort.S1);
//光线强度
static int Light=0;
//巡线值下限
static int LineMin=9999;
//巡线值上限
static int LineMax=0;
//巡线值
static int LineMid=0;

public static void main(String[] args) {
    //t1 线程用于实时显示每个变量的值
    Thread t1=new Thread(new Runnable() {
        @Override
        public void run() {
            while (true) {
                //光线强度
                Light=cs.getLightValue();
                //初始化最大值和最小值
                if (status==1) {
                    if (LineMax<Light) {
                        //巡线值上限
                        LineMax=Light;
                    } else if (LineMin>Light) {
                        //巡线值下限
                        LineMin=Light;
                    }
                    //巡线值
                    LineMid=(int) (LineMax+LineMin) / 2;
                }
                //光线强度
                LCD.drawInt(Light, 4, 12, 2);
                //巡线值
                LCD.drawInt(LineMid, 4, 12, 3);
                //巡线值下限
                LCD.drawInt(LineMin, 4, 12, 4);
                //巡线值上限
                LCD.drawInt(LineMax, 4, 12, 5);
            }
        }
    });

    //为 Button.ESCAPE 注册监听器
    Button.ESCAPE.addButtonListener(new ButtonListener() {
        @Override
```

```java
public void buttonReleased(Button b) {
    //退出程序
    System.exit(0);
}

@Override
public void buttonPressed(Button b) {

}
});

//显示欢迎信息
LCD.clear();
LCD.drawString("LineFollower", 0, 0);
LCD.drawString("Demo by iRobot", 0, 1);
LCD.drawString("Light:", 0, 2);                 //光线值
LCD.drawString("Line:", 0, 3);                  //巡线值
LCD.drawString("LineMin:", 0, 4);               //巡线值下限
LCD.drawString("LineMax:", 0, 5);               //巡线值上限
LCD.drawString("Ready!", 0, 6);                 //就绪
//等待任意键按下
Button.waitForAnyPress();
//启动监控线程
t1.start();
//开启灯光
cs.setFloodlight(true);
//初始化数据
status=1;
//寻找黑线位置
Motor.B.setSpeed(120);                          //左轮
Motor.C.setSpeed(120);                          //右轮
//小车右转
Motor.B.rotateTo(720, true);
Motor.C.rotateTo(-720);
Motor.B.stop();
Motor.C.stop();
//初始化完毕
status=2;
//小车左转
Motor.B.backward();
Motor.C.forward();
//等待当前光照值与巡线值相等
while (Light !=LineMid) {
}
//小车停止在线的右侧
Motor.B.stop(true);
Motor.C.stop();
//提示音
Sound.beepSequenceUp();
```

```
//巡线车前进
Motor.B.forward();
Motor.C.forward();
//光差范围
int Range=LineMax-LineMin;
while (true) {
    //动力补偿=((当前光线强度-巡线值) * 动力增益)/光差范围
    int PowerGain=((Light-LineMid) * Gain) / Range;
    //左轮速度(动力补偿-基础动力)
    Motor.B.setSpeed(Power-PowerGain);
    //右轮速度(动力补偿+基础动力)
    Motor.C.setSpeed(Power+PowerGain);
    }
}
}
```

9.2 自动避障车

1. 实验目的

制作一个可以智能探查前方障碍物的小车,如图 9-2 所示。当发现前方有障碍物时,能够提前停止前进并转向,保护小车不受到撞击。

2. 分析

车体依然采用 3 个轮子的设计,在车的顶部安装一个距离传感器,用于检测前方障碍物。当发现前方有障碍物时,小车停止前进并后退一段距离,调转方向后继续前进,如图 9-3 所示。

图 9-2 带距离传感器的智能小车

图 9-3 自动避障车

智能小车有 5 个状态:待机、前进、停止、后退和转向。小车的运行过程,就是这 5 个状态相互转化的过程。从一个状态转换到另一个状态的条件就是障碍物标识(isFind)的变化。初始时,小车处于待机状态,启动后自动进入前进状态。这时距离传感器开始工作,一旦发现前方有障碍物,就改变障碍物标识(isFind＝true)。小车的控制程序不断检查这个标识,一旦发现标识变为 true,则小车立即停止,此时小车的运行标识跟着变为停止状态,距离传感器暂停工作。接着小车开始倒车并转向,之后运行状态重新变为待机,再次自动进入前进状态,而距离传感器也重新开始工作,一个控制过程完成,如图 9-4 所示。

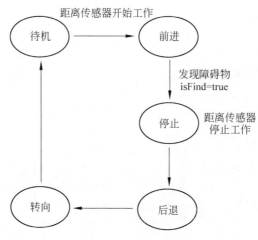

图 9-4　运行状态转换

程序的功能设计如表 9-4 所示。

表 9-4　功能列表

名　　称	描　　述	名　　称	描　　述
Motor. B	小车左轮	［确定键］	启动
Motor. C	小车右轮	［取消键］	退出程序
SensorPort. S1	距离传感器		

3. 参考程序

同上个实验一样,自动避障车也需要定义变量、显示欢迎信息等。这部分内容与单光感巡线实验中所编写的代码大同小异,可以稍加修改之后拿来使用。

小车通过安装在顶部的距离传感器实时获取数据。当这一数值小于 10 时,可以认为小车将要发生碰撞,这种情况下要修改障碍物标识,提醒小车做出反应。

```
//障碍物距离
Distance=us.getDistance();
//前进时发现障碍物
if (status==1 && Distance<10) {
    //障碍物
    isFind=true;
} else {
    //未发现障碍物
```

```
        isFind=false;
}
```

（2）运行状态转化。

智能小车的 5 个运行状态对应变量 status 的值 0～4。通过 switch 语句，可以判断当前小车处于哪种状态，并发出相应的指令。

```
//检查状态
switch (status) {
//待机中
case 0:
    //前进
    Go();
    //修改状态(前进)
    status=1;
    break;
case 1:
    //发现障碍物
    if (isFind) {
        //停止前进
        Stop();
        //修改状态(停止)
        status=2;
        //倒车
        Back();
        //修改状态(倒车)
        status=3;
    }
    break;
case 2:
    break;
case 3:
    //延时 1s
    Delay.msDelay(1000);
    //转向
    Right();
    //修改状态(转向)
    status=4;
    break;
case 4:
    //延时 1s
    Delay.msDelay(1000);
    //前进
    Go();
    //修改状态(待机)
    status=0;
    break;
}
```

小车的前进、后退等方法，与前面章节中用到的方法一样，可以直接运用。

```java
//前进
private static void Go() {
}

//后退
private static void Back() {
}

//左转
private static void Left() {
}

//右转
private static void Right() {
}

//停止
private static void Stop() {
}
```

完整的代码如下：

<ObstacleCar.java>

```java
import lejos.nxt.Button;
import lejos.nxt.ButtonListener;
import lejos.nxt.LCD;
import lejos.nxt.Motor;
import lejos.nxt.SensorPort;
import lejos.nxt.UltrasonicSensor;
import lejos.util.Delay;

public class ObstacleCar {
    //当前小车状态 0-待机,1-前进,2-停止,3-倒车,4-转向
    static int status=0;
    //障碍物标识位
    static boolean isFind=false;
    //距离
    static int Distance=0;
    //距离传感器
    static UltrasonicSensor us=new UltrasonicSensor(SensorPort.S1);

    public static void main(String[] args) {
        //工作模式
        us.continuous();
        //t1线程用于实时显示每个变量的值
        Thread t1=new Thread(new Runnable() {
```

```
@Override
public void run() {
    while (true) {
        //障碍物距离
        Distance=us.getDistance();
        //前进时发现障碍物
        if (status==1 && Distance<10) {
            //障碍物
            isFind=true;
        } else {
            //未发现障碍物
            isFind=false;
        }
        LCD.drawInt(Distance, 4, 12, 2);
    }
}
});


//为 Button.ESCAPE 注册监听器
Button.ESCAPE.addButtonListener(new ButtonListener() {
    @Override
    public void buttonReleased(Button b) {
        //退出程序
        System.exit(0);
    }

    @Override
    public void buttonPressed(Button b) {

    }
});


//显示欢迎信息
LCD.clear();
LCD.drawString("ObstacleCar", 0, 0);
LCD.drawString("Demo by iRobot", 0, 1);
LCD.drawString("Distance:", 0, 2);                //距离


//等待任意键按下
Button.waitForAnyPress();
//启动监控线程
t1.start();
//小车开始工作
while (true) {
    //检查状态
    switch (status) {
    //待机中
    case 0:
        //前进
```

```
                Go();
                //修改状态(前进)
                status=1;
                break;
            case 1:
                //发现障碍物
                if (isFind) {
                    //停止前进
                    Stop();
                    //修改状态(停止)
                    status=2;
                    //倒车
                    Back();
                    //修改状态(倒车)
                    status=3;
                }
                break;
            case 2:
                break;
            case 3:
                //延时 1s
                Delay.msDelay(1000);
                //转向
                Right();
                //修改状态(转向)
                status=4;
                break;
            case 4:
                //延时 1s
                Delay.msDelay(1000);
                //前进
                Go();
                //修改状态(待机)
                status=0;
                break;
        }
    }
}

//前进
private static void Go() {
    Motor.B.forward();
    Motor.C.forward();
}

//后退
private static void Back() {
    Motor.B.backward();
    Motor.C.backward();
```

```
    }

    //左转
    private static void Left() {
        Motor.B.backward();
        Motor.C.forward();
    }

    //右转
    private static void Right() {
        Motor.B.forward();
        Motor.C.backward();
    }

    //停止
    private static void Stop() {
        Motor.B.stop(true);
        Motor.C.stop();
        Motor.B.flt();
        Motor.C.flt();
    }
}
```

9.3　防跌落小车

1. 实验目的

制作一个带光线传感器的小车，如图 9-5 所示。当小车在桌面上移动时，实时检测环境光数据，一旦接近桌面边缘，自动停止前进并调整行驶方向。

图 9-5　防跌落小车示意图

2. 分析

防跌落小车的状态变化与自动避障车是一样的。在车体前部安装一个光线/颜色传感器获取光线数据，根据数据值大小，程序判断小车是否已经到达平台边缘。一旦接近边缘，状态标识 status 发生改变，小车运行状态在待机→前进→停止→倒车→转向→待机之间循环变化。

程序的功能设计见表 9-5。

表 9-5　功能列表

名　称	描　述	名　称	描　述
Motor. B	小车左轮	［确定键］	启动
Motor. C	小车右轮	［取消键］	退出程序
SensorPort. S1	颜色传感器		

3. 参考程序

（1）检测平台边缘。

防跌落小车通过颜色传感器来判断是否接近平台边缘，首先要有一个环境光强度值作为参考：

```
//光线强度标准值
static int Standard=0;
```

Standard 变量在小车启动时赋值。小车在移动的过程中实时采集光线值并与参考值做比较。因为这两个值并不会完全相同，所以只要误差在一定范围内，就认为小车还位于桌面上，否则就认为小车行驶到桌面边缘。

```
//当前光线值超出标准值范围
if ((Light>(Standard+10))
        || Light<(Standard-10)) {
    //检测到桌面边缘
    isFind=true;
} else {
    //正常
    isFind=false;
}
```

（2）运行状态转化。

防跌落小车和自动避障车的运行状态完全相同，触发状态变化的条件也完全相同，所以控制小车运行的这部分代码可以使用之前的代码。

```
//检查状态
switch (status) {
//待机中
case 0:
    //前进
```

```
        Go();
        //修改状态(前进)
        status=1;
        break;
case 1:
        //发现障碍物
        if (isFind) {
            //停止前进
            Stop();
            //修改状态(停止)
            status=2;
            //倒车
            Back();
            //修改状态(倒车)
            status=3;
        }
        break;
case 2:
        break;
case 3:
        //延时 1s
        Delay.msDelay(1000);
        //转向
        Right();
        //修改状态(转向)
        status=4;
        break;
case 4:
        //延时 1s
        Delay.msDelay(1000);
        //前进
        Go();
        //修改状态(待机)
        status=0;
        break;
}
```

完整的代码如下：

＜TableCar.java＞

```
import lejos.nxt.Button;
import lejos.nxt.ButtonListener;
import lejos.nxt.ColorSensor;
import lejos.nxt.LCD;
import lejos.nxt.Motor;
import lejos.nxt.SensorPort;
import lejos.util.Delay;
```

```
public class TableCar {
    //当前小车状态 0-待机,1-前进,2-停止,3-倒车,4-转向
    static int status=0;
    //检测桌面边缘
    static boolean isFind=false;
    //光线强度
    static int Light=0;
    //光线强度标准值
    static int Standard=0;
    //颜色传感器
    static ColorSensor cs=new ColorSensor(SensorPort.S1);

    public static void main(String[] args) {
        //t1线程用于实时显示每个变量的值
        Thread t1=new Thread(new Runnable() {
            @Override
            public void run() {
                while (true) {
                    //光线强度
                    Light=cs.getLightValue();
                    //前进中检测平台边缘
                    if (status==1) {
                        //当前光线值超出标准值范围
                        if ((Light>(Standard+10))
                                || Light<(Standard-10)) {
                            //检测到桌面边缘
                            isFind=true;
                        } else {
                            //正常
                            isFind=false;
                        }
                    } else {
                        //正常
                        isFind=false;
                    }
                    //显示
                    LCD.drawInt(Light, 4, 12, 2);
                    LCD.drawInt(Standard, 4, 12, 3);
                }
            }
        });

        //为按钮注册监听器
        //取消
        Button.ESCAPE.addButtonListener(new ButtonListener() {
            @Override
            public void buttonReleased(Button b) {
                //退出程序
                System.exit(0);
```

```
    }

    @Override
    public void buttonPressed(Button b) {

    }
});

//显示欢迎信息
LCD.clear();
LCD.drawString("TableCar", 0, 0);
LCD.drawString("Demo by iRobot", 0, 1);
LCD.drawString("Light:", 0, 2);
LCD.drawString("Standard:", 0, 3);

//等待任意键按下
Button.waitForAnyPress();
//启动监控线程
t1.start();
//开启灯光
cs.setFloodlight(true);
//初始化光线强度标准值
Standard=cs.getLightValue();
//小车开始工作
while (true) {
    //检查状态
    switch (status) {
    //待机中
    case 0:
        //前进
        Go();
        //修改状态(前进)
        status=1;
        break;
    case 1:
        //发现障碍物
        if (isFind) {
            //停止前进
            Stop();
            //修改状态(停止)
            status=2;
            //倒车
            Back();
            //修改状态(倒车)
            status=3;
        }
        break;
    case 2:
        break;
```

```
        case 3:
            //延时 1s
            Delay.msDelay(1000);
            //转向
            Right();
            //修改状态 (转向)
            status=4;
            break;
        case 4:
            //延时 1s
            Delay.msDelay(1000);
            //前进
            Go();
            //修改状态 (待机)
            status=0;
            break;
        }
    }
}


//前进
private static void Go() {
    Motor.B.forward();
    Motor.C.forward();
}

//后退
private static void Back() {
    Motor.B.backward();
    Motor.C.backward();
}

//左转
private static void Left() {
    Motor.B.backward();
    Motor.C.forward();
}

//右转
private static void Right() {
    Motor.B.forward();
    Motor.C.backward();
}

//停止
private static void Stop() {
    Motor.B.stop(true);
    Motor.C.stop();
    Motor.B.flt();
```

```
        Motor.C.flt();
    }
}
```

9.4　测　距　仪

1. 实验目的

利用 NXT 的角度传感器,制作一个可以测量长度和距离的测距仪,如图 9-6 所示。测量结果显示在 NXT 主机的屏幕上。

图 9-6　测距仪示意图

2. 分析

紧握测距仪,在测量物表面匀速划过。通过角度传感器返回的数值,可以知道轮子走过的角度。然后利用轮子角度和直径的关系,就可以计算出轮子走过的距离,如图 9-7 所示。

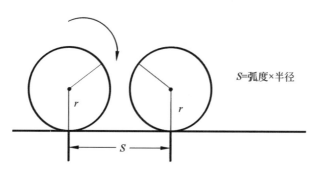

$S=$ 弧度×半径

图 9-7　角度和距离的关系

如果被测量物体是一个立方体,分别测量物体的长、宽、高之后,通过计算就能得到物体的体积,如图 9-8 所示。

在这个实验中,屏幕上除了显示欢迎信息,还要显示测量的长、宽、高数值。要注意的是,轮子直径不同,距离的计算参数就不同。在乐高轮子的侧面写有参数,如图 9-9 所示。

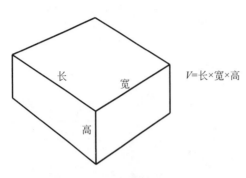

$V=长\times宽\times高$

图 9-8　计算物体的体积

图 9-9　直径 43.2cm、宽度 22cm 的轮子

程序的功能设计见表 9-6。

表 9-6　功能列表

名　　称	描　　述	名　　称	描　　述
Motor. A	角度传感器	［确定键］	输入下一个数据
［左键］	重新输入	［取消键］	退出程序

3. 参考程序

（1）根据角度计算距离。

圆周长的计算公式是 $2\pi r$ 乘走过的角度除以 360 得到的就是走过的距离。在程序中只需要保留一位小数就可以了。为了保留一位小数，可以将计算结果乘以 10，然后转换为整型，这时小数点后的数字都被舍弃了。然后再转换成浮点数并除以 10，得到的就是只保留一位小数的结果值。

```java
//根据角度计算距离
private float GetDistance(int angle) {
    //圆周率
    float pi=3.14f;
    //直径
    float d=4.32f;
    //距离
    float distance=pi * d * (angle / 360f);
    //四舍五入保留一位小数
    distance=((int) ((distance+0.05) * 10)) / 10f;
    //返回距离值
    return distance;
}
```

（2）按下左键重新测量。

按下左键，角度传感器的计数器清零，同时当前所测量的结果也重置为 0。

```
//角度传感器清零
Motor.A.resetTachoCount();
Motor.A.flt();
//测量结果清零
switch (Obj) {
case 1:
    fLong=0;
    break;
case 2:
    fWidth=0;
    break;
case 3:
    fHigh=0;
    break;
}
```

（3）依次测量长、宽、高。

首先设置一个标识来标记当前测量的项目：

```
//当前测量项目 0-待机,1-长度,2-宽度,3-高度,4-测量完毕
static int Obj=0;
```

如果标识显示测量完毕(4)，程序计算被测量物的体积，并且重新回到待机(0)状态。每按动一次确定键，程序依次测量物体的长度、宽度和高度。

```
//1.等待确定键按下
Button.ENTER.waitForPress();
//测量长度
Obj=1;

//2.等待确定键按下
Button.ENTER.waitForPress();
//测量宽度
Obj=2;

//3.等待确定键按下
Button.ENTER.waitForPress();
//测量高度
Obj=3;

//4.等待确定键按下
Button.ENTER.waitForPress();
//测量完成
Obj=4;
//计算体积
intVolume=GetVolume();
LCD.drawString(intVolume+"    ", 8, 5);
```

```
//待机
Obj=0;
```

同样,程序在一个单独的线程中记录并显示角度传感器返回的数值。完整的代码如下:

<DistanceMeter．java>

```java
import lejos.nxt.Button;
import lejos.nxt.ButtonListener;
import lejos.nxt.LCD;
import lejos.nxt.Motor;

public class DistanceMeter {
    //长度
    static float fLong=0;
    //宽度
    static float fWidth=0;
    //高度
    static float fHigh=0;
    //体积
    static int intVolume=0;
    //当前测量项目 0-待机,1-长度,2-宽度,3-高度,4-测量完毕
    static int Obj=0;
    //当前角度值
    static int Angle=0;

    public static void main(String[] args) {
        //t1线程用于实时显示每个变量的值
        Thread t1=new Thread(new Runnable() {
            @Override
            public void run() {
                while (true) {
                    //角度
                    Angle=Motor.A.getTachoCount();
                    switch (Obj) {
                    //显示长度
                    case 1:
                        //根据角度计算距离
                        fLong=GetDistance(Math.abs(Angle));
                        //显示
                        LCD.drawString(fLong+"    ", 10, 2);
                        break;
                    case 2:
                        //根据角度计算距离
                        fWidth=GetDistance(Math.abs(Angle));
                        //显示
                        LCD.drawString(fWidth+"    ", 10, 3);
```

```
                break;
            //显示高度
            case 3:
                //根据角度计算距离
                fHigh=GetDistance(Math.abs(Angle));
                //显示
                LCD.drawString(fHigh+"      ", 10, 4);
                break;
            }
        }
    }


    //根据角度计算距离
    private float GetDistance(int angle) {
        //圆周率
        float pi=3.14f;
        //直径
        float d=4.32f;
        //距离
        float distance=pi * d * (angle / 360f);
        //四舍五入保留一位小数
        distance= ((int) ((distance+0.05) * 10)) / 10f;
        //返回距离值
        return distance;
    }
});

//为 Button.ESCAPE 注册监听器
Button.ESCAPE.addButtonListener(new ButtonListener() {
    @Override
    public void buttonReleased(Button b) {
        //退出程序
        System.exit(0);
    }

    @Override
    public void buttonPressed(Button b) {

    }
});

//为 Button.LEFT 注册监听器
Button.LEFT.addButtonListener(new ButtonListener() {
    @Override
    public void buttonReleased(Button b) {

    }

    @Override
```

```
        public void buttonPressed(Button b) {
            //角度传感器清零
            Motor.A.resetTachoCount();
            Motor.A.flt();
            //测量结果清零
            switch (Obj) {
            case 1:
                fLong=0;
                break;
            case 2:
                fWidth=0;
                break;
            case 3:
                fHigh=0;
                break;
            }
        }
});

//显示欢迎信息
LCD.clear();
LCD.drawString("DistanceMeter", 0, 0);
LCD.drawString("Demo by iRobot", 0, 1);
LCD.drawString("Long:", 0, 2);
LCD.drawString("Width:", 0, 3);
LCD.drawString("High:", 0, 4);
LCD.drawString("Volume:", 0, 5);
LCD.drawString("Waiting...", 0, 6);
//启动线程
t1.start();
//当程序待机时:
while (Obj==0) {
    //1.等待确定键按下
    Button.ENTER.waitForPress();
    //测量长度
    Obj=1;
    //显示工作状态
    LCD.clear(6);
    LCD.drawString("Working", 0, 6);
    //角度归零
    Motor.A.resetTachoCount();
    //释放电动机
    Motor.A.flt();

    //2.等待确定键按下
    Button.ENTER.waitForPress();
    //测量宽度
    Obj=2;
    //角度归零
```

```
        Motor.A.resetTachoCount();
        //释放电动机
        Motor.A.flt();

        //3.等待确定键按下
        Button.ENTER.waitForPress();
        //测量高度
        Obj=3;
        //角度归零
        Motor.A.resetTachoCount();
        //释放电动机
        Motor.A.flt();

        //4.等待确定键按下
        Button.ENTER.waitForPress();
        //测量完成
        Obj=4;
        //显示工作状态
        LCD.clear(6);
        LCD.drawString("Waiting...", 0, 6);
        //角度归零
        Motor.A.resetTachoCount();
        //释放电动机
        Motor.A.flt();
        //计算体积
        intVolume=GetVolume();
        LCD.drawString(intVolume+"    ", 8, 5);
        //待机
        Obj=0;
    }
}

//计算体积
private static int GetVolume() {
    //返回体积值
    return (int) (fLong * fWidth * fHigh);
    }
}
```

9.5　环境光检测仪

1. 实验目的

利用颜色传感器制作一个环境光检测仪,将环境光的数值绘制成曲线并显示在 NXT 主机的屏幕上,如图 9-10 所示。

2. 分析

首先在 NXT 的屏幕上绘制一个坐标系,横轴(x)表示时间,纵轴(y)表示光照强度。

图 9-10　环境光检测仪示意图

每隔一个固定时间间隔,颜色传感器采集一次外界光照强度,并显示在坐标系中。将这些坐标点连接起来,最后得到的就是一条随时间变化的光线强度曲线,如图 9-11 所示。

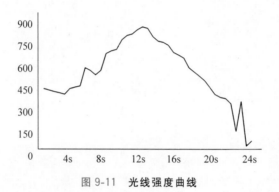

图 9-11　光线强度曲线

程序的功能设计如表 9-7 所示。

表 9-7　功能列表

名　　称	描　　述	名　　称	描　　述
SensorPort.S1	光线传感器	[取消键]	退出程序
[确定键]	启动/暂停程序		

3. 参考程序

(1) 绘制坐标系。

坐标系就是横竖成直角交叉的两条直线,可以使用 Graphics 对象的 drawLine 方法绘制:

```
//绘制 y 轴
g.drawLine(14, 55, 14, 4);
//绘制 x 轴
g.drawLine(14, 55, 96, 55);
```

经过计算,横轴上有效的像素点大约是 80 个,如果程序每 0.25s 采集一次数据,那么

画完一条曲线需要 $80 \times 0.25 = 20s$。将坐标系的单位绘制在轴旁边。

```
//绘制坐标系
private static void DrawFrame(Graphics g) {
//绘制 y 轴
g.drawLine(14, 55, 14, 4);
//绘制 x 轴
g.drawLine(14, 55, 96, 55);
    //设置字体
    g.setFont(Font.getFont(0, 0, Font.SIZE_SMALL));
    //x 轴刻度
    g.drawString(" 4s 8s 12s 16s 20s", 18, 57, 0);
    //y 轴刻度
    g.drawString("150", 0, 47, 0);
    g.drawString("300", 0, 38, 0);
    g.drawString("450", 0, 29, 0);
    g.drawString("600", 0, 20, 0);
    g.drawString("750", 0, 11, 0);
    g.drawString("900", 0, 2, 0);
}
```

（2）采集光线强度。

如果要绘制一条曲线，就需要有一组数据。存储成组的数据可以使用数组，也可以使用功能更加强大的 ArrayList。

```
//记录光线强度
static ArrayList<Integer>lst=new ArrayList<Integer>();
```

定义好一个 ArrayList 之后，就可以调用它的 add 方法和 remove 方法来添加或删除元素。在这个实验中，只需要保留最新的 80 个有效数据，超出的就丢弃。

```
//采集光线强度
int raw=cs.getRawLightValue();
//只保留 80 个有效数据
if (lst.size()>79) {
    lst.remove(0);
}
```

采集到的数据是光线强度，应该按照一定比率缩小到坐标系中。

```
lst.add(raw>900 ? (int) 900 / 18 : (int) raw / 18);
```

"?:"表达式的作用是判断 raw 的值是否超过 900，如果超过 900，就作为 900 使用。纵轴上有效的像素点大约是 50 个，因为光线强度的取值在 0~1024，所以每个像素点代表 18 个单位的光线强度。

（3）绘制曲线。

绘制曲线只需要有成组的数据就可以了。所以在程序中，将绘制曲线功能单独写成一个方法，同采集数据的代码分离开来。曲线的绘制方法，就是依次取出 ArrayList 的值并在坐标系中显示出来。

```java
//绘制曲线
public static void DrawLine(Graphics g) {
    //清屏
    g.setColor(Color.WHITE);
    g.fillRect(15, 5, 80, 49);
    //lst 不为空
    if (lst.size()>0) {
        //遍历 lst 中所有点
        for (int i=0; i<lst.size(); i++) {
            //绘制坐标点
            LCD.setPixel(i+14, 55-(int) lst.get(i), 1);
        }
    }
}
```

完整的程序：

<LightMeter.java>

```java
import java.util.ArrayList;
import javax.microedition.lcdui.Font;
import javax.microedition.lcdui.Graphics;
import lejos.nxt.Button;
import lejos.nxt.ButtonListener;
import lejos.nxt.ColorSensor;
import lejos.nxt.LCD;
import lejos.nxt.SensorPort;
import lejos.nxt.ColorSensor.Color;

public class LightMeter {
    //记录光线强度
    static ArrayList<Integer>lst=new ArrayList<Integer>();
    //运行标识
    static boolean isRun=true;
    //刷新间隔
    static int inteval=250;

    public static void main(String[] args) {
        //绘制坐标系
        Graphics g=new Graphics();
        DrawFrame(g);
        //光线传感器
        ColorSensor cs=new ColorSensor(SensorPort.S1);
        cs.setFloodlight(Color.NONE);
```

```
Button.ENTER.addButtonListener(new ButtonListener() {
    @Override
    public void buttonReleased(Button b) {

    }

    @Override
    public void buttonPressed(Button b) {
        //启动/暂停
        isRun=!isRun;
    }
});

while (!Button.ESCAPE.isDown()) {
    //采集光线强度
    int raw=cs.getRawLightValue();
    //只保留 80 个有效数据
    if (lst.size()>79) {
        lst.remove(0);
    }
    lst.add(raw>900 ? (int) 900 / 18 : (int) raw / 18);

    if (isRun)
        //绘制曲线
        DrawLine(g);
    try {
        Thread.sleep(inteval);
    } catch (InterruptedException e) {
        //TODO Auto-generated catch block
        e.printStackTrace();
    }
}
}

//绘制坐标系
private static void DrawFrame(Graphics g) {
    //绘制 y 轴
    g.drawLine(14, 55, 14, 4);
    //绘制 x 轴
    g.drawLine(14, 55, 96, 55);
    //设置字体
    g.setFont(Font.getFont(0, 0, Font.SIZE_SMALL));
    //x 轴刻度
    g.drawString(" 4s 8s 12s 16s 20s", 18, 57, 0);
    //y 轴刻度
    g.drawString("150", 0, 47, 0);
    g.drawString("300", 0, 38, 0);
    g.drawString("450", 0, 29, 0);
    g.drawString("600", 0, 20, 0);
```

```
        g.drawString("750", 0, 11, 0);
        g.drawString("900", 0, 2, 0);
    }


    //绘制曲线
    public static void DrawLine(Graphics g) {
        //清屏
        g.setColor(Color.WHITE);
        g.fillRect(15, 5, 80, 49);
        //lst 不为空
        if (lst.size()>0) {
            //遍历 lst 中所有点
            for (int i=0; i<lst.size(); i++) {
                //绘制坐标点
                LCD.setPixel(i+14, 55-(int) lst.get(i), 1);
            }
        }
    }
}
```

9.6 小　结

　　本章通过几个例子感受到了 leJOS 的强大功能。相比较乐高公司提供的 NXT-G 语言，leJOS 能够编写更加复杂的应用程序，并且编写过程更加接近于通用编程方式。有一定编程语言基础的读者，应该能够很快掌握它。

　　在这些例子中还能看到，把一些独立的功能提取出来，编写成方法，便于梳理逻辑，加快开发进度。良好的代码结构，可以加强代码的重用性。

第 10 章　通信与远程控制

NXT 主机与其他设备(如笔记本电脑和手机)可以通过 USB 和蓝牙两种方式建立数据连接。连接成功之后,可以选择下列 4 种方式中的一种进行数据传输:

(1) 使用 leJOS 提供的蓝牙协议。

(2) 使用 leJOS 提供的 BTConnection 类进行无线数据传输。

(3) 使用 leJOS 提供的 USBConnection 类进行有线数据传输。

(4) 使用 Java 提供的 Socket 类。

本章讲述如何采用 BTConnection 类和 USBConnection 类实现通信和远程控制,Socket 类的使用方法将在下一章介绍。蓝牙协议的使用较为复杂,不作为本书学习内容。

10.1　通信方式简介

10.1.1　USB

USB(Universal Serial Bus,通用串行总线)是一个外部总线标准,用于规范计算机与外部设备的连接及通信。它支持热插拔,传输速度快(USB 2.0 是 480Mb/s),是目前使用最广泛的数据传输方式(见图 10-1)。

图 10-1　**USB 标识**

使用 USB 在 NXT 和 PC 之间建立连接,这种方式比蓝牙更加可靠。只要使用随机附送的 USB 数据线一端连接 PC,另一端连接 NXT 主机,就可以使用了。这种连接方式可以用来刷新固件,上传、下载程序和文件。

10.1.2　蓝牙

蓝牙是一种短距离无线数据传输协议。它的有效半径是 10m,传输速度可达 1Mb/s。它适合小范围内的无线通信(见图 10-2)。

NXT 主机通过蓝牙可以与计算机或其他的 NXT 主机进行数据传输。建立蓝牙连接,必须有一个发起者,和至少一个接收者。NXT 允许最多有 3 个接收者设备,但是同时只能有一个接收者处于工作状态,如图 10-3 所示。

蓝牙连接建立之后,就可以进行通信了。发起连接的一方称为

图 10-2　**蓝牙标识**

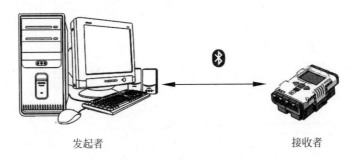

发起者   接收者

图 10-3   **发起者和接收者**

主机(Master),响应的一方称为客户机(Slave)。每一个客户机在得到主机的允许之后可以发送数据到主机,但是客户机之间不能相互发送数据。

leJOS 通过两个列表来管理蓝牙设备:

(1) 查找/配对。这个功能用于查找附近已经开启的蓝牙设备。当其他设备开启"可发现"模式后,就会显示在查找列表中,然后输入配对密码进行配对。

(2) 设备列表。所有曾经配对成功过的设备都会显示在这里,即使这个设备当前并不可用。一旦设备可用,将会自动连接而不需要手工输入密码。

10.2 机器人与 PC 通信

10.2.1 建立 USB 连接

在第 3 章已经安装过 USB 驱动,现在使用 USB 数据线连接 NXT 主机和 PC,并等待 PC 自动识别 NXT 主机。连接成功后,在 NXT 的屏幕上显示 USB 图标,在 PC 的托盘区显示识别到 NXT 主机。

10.2.2 PC 端发送消息

通过 USB 数据线连接好后,就可以开始编写程序了。前面提过,有 4 种方式可以实现通信,这里使用方法 3,通过 USBConnection 类来实现。

为了实现机器人与 PC 的通信,代码分为两部分:发起连接的程序运行在 PC 端,接收连接的程序运行在 NXT 端。首先,要新建一个 PC 端的项目。注意,这次在新建项目时,要选择 PC 项目而不是 NXT 项目,如图 10-4 所示。

要想在 PC 端发送数据,可以分为下面 4 个步骤进行。

(1) 建立连接。

(2) 创建数据输出流。

(3) 发送数据。

(4) 关闭连接。

接下来一步步完成发送数据的代码。

```
Java - HelloNXT/src/HelloNXT.java - Eclipse
File  Edit  Refactor  Source  leJOS NXJ  Navigate  Search  Project  Run  Window  Help
  New                          Alt+Shift+N  ▶    Java Project
  Open File...                                   Android Application Project
  Close                        Ctrl+W            LeJOS NXT Project
  Close All                    Ctrl+Shift+W      LeJOS PC Project
  Save                         Ctrl+S            Project...
  Save As...                                     Package
  Save All                     Ctrl+Shift+S      Class
  Revert                                         Interface
  Move...                                        Enum
  Rename...                    F2                 Annotation
  Refresh                      F5                 Source Folder
  Convert Line Delimiters To                ▶    Java Working Set
  Print...                     Ctrl+P            Folder
                                                 File
  Switch Workspace                          ▶    Untitled Text File
  Restart                                        Android XML File
  Import...                                      JUnit Test Case
  Export...                                      Task
  Properties                   Alt+Enter         Example...
  1 HelloNXT.java [HelloNXT/src]                 Other...              Ctrl+N
  2 PID.java [NXTPID/src]
  3 PID.java [HelloNXT/src]
  4 ColorSensorTest.java [HelloNXT/src]
  Exit
```

图 10-4　新建一个 PC 项目

Ⅰ. 建立连接

建立连接要使用 NXTConnector 类。

```
//实例化一个连接对象
NXTConnector conn=new NXTConnector();
//连接到 usb 端口
conn.connectTo("usb://");
```

首先创建一个数据连接类的对象 conn，并调用它的 connectTo 方法打开一个 USB 连接。connectTo 方法会返回连接的结果（成功或失败）。为了使程序更加可靠，让它在连接失败的时候退出。

```
//实例化一个连接对象
NXTConnector conn=new NXTConnector();
//连接到 usb 口
if (!conn.connectTo("usb://")) {
    //程序退出
    System.err.println("No NXT found using USB");
    System.exit(1);
}
```

2. 创建数据输出流

数据在网络上传输是以数据流的形式。换句话说,要把一个指令或一行文字发送到 NXT 上,实际上是依次发送了一组由 0 和 1 组成的字符串,这串字符就是数据流。创建一个发送消息的数据流,要用到数据流类 DataOutputStream,它的构造函数使用 conn. getOutputStream() 作为参数。

```
//发送消息的数据流
DataOutputStream outData=new DataOutputStream(conn.getOutputStream());
```

3. 发送数据

发送数据需要调用 DataOutputStream 对象的 writeInt 方法。

```
//发送数据
outData.writeInt(100);
//刷新缓冲区
outData.flush();
```

writeInt 方法的作用是将一个整型(int)数据写入数据流中,flush 方法的作用是发送数据,并清空缓冲区。DataOutputStream 类包括的方法如表 10-1 所示。

表 10-1　DataOutputStream 类方法列表

返 回 值	方 法 名	说 明
void	write(byte[] b, int off, int len)	发送 byte 数组
void	write(int b)	发送整型数据
void	writeBoolean(boolean v)	发送布尔型数据
void	writeByte(int v)	发送 Byte 型数据
void	writeBytes(String s)	发送 Byte 型数据
void	writeChar(int v)	发送字符型数据
void	writeChars(String s)	发送字符串数据
void	writeDouble(double v)	发送双精度数据
void	writeFloat(float v)	发送浮点数
void	writeInt(int v)	发送整型数据
void	writeLong(long v)	发送长整型数据
void	writeShort(int v)	发送短整型数据

因为发送数据流是非安全的代码,这类代码要放在 try catch 语句中,修改后的代码如下:

```
try {
    //发送数据
    outData.writeInt(100);
    //刷新缓冲区
    outData.flush();
```

```
    } catch (IOException e) {
        e.printStackTrace();
    }
```

4. 关闭连接

数据流对象和连接对象在使用完之后都应该关闭。关闭就是调用它们的 close 方法。

```
//关闭连接
outData.close();
conn.close();
```

完成后，PC 端的完整代码如下：
<USBSend.java>

```
import java.io.DataOutputStream;
import java.io.IOException;
import lejos.pc.comm.NXTConnector;
import lejos.util.Delay;

public class USBSend {
    public static void main(String[] args) {
        //实例化一个连接对象
        NXTConnector conn=new NXTConnector();
        //连接到 usb
        if (!conn.connectTo("usb://")) {
            System.err.println("No NXT found using USB");
            System.exit(1);
        }
        //发送消息的数据流
        DataOutputStream outData=new
        DataOutputStream(conn.getOutputStream());
        //发送 1~100
        for (int i=1; i<=100; i++) {
            try {
                //发送数据
                outData.writeInt(i);
                //刷新缓冲区
                outData.flush();
            } catch (IOException e) {
                e.printStackTrace();
            }
            //发送间隔 0.1s
            Delay.msDelay(100);
        }
        try {
            //关闭连接
```

```
            outData.close();
            conn.close();
        } catch (IOException e) {
            e.printStackTrace();
        }
    }
}
```

10.2.3 NXT 端接收消息

PC 端的程序完成后,还需要在 NXT 端编写一个程序用来接收数据并显示在屏幕上。与 PC 端程序的设计很接近,接收端程序也需要以下 4 个步骤。

(1) 建立连接。

(2) 创建数据输入流。

(3) 接收数据。

(4) 关闭连接。

首先新建一个空白 NXT 工程,并在工程下创建一个 USBReceive 类。

1. 建立连接

在 NXT 端使用 USBConnection 类建立连接。要做的就是等待 PC 端发起连接。

```
//等待 USB 连接
LCD.drawString("waiting...", 0, 0);
USBConnection conn=USB.waitForConnection();
```

2. 创建数据输入流

使用 DataInputStream 类创建一个数据输入流对象。

```
//接收消息的数据流
DataInputStream inData=conn.openDataInputStream();
```

3. 接收数据

接收数据使用 DataInputStream 类的 readInt 方法。

```
//读取数据
int b=inData.readInt();
```

除了 readInt 方法,DataInputStream 类中的其他方法见表 10-2。

在读取数据时,调用的方法应该与 PC 端的发送方法相对应。为了能够持续读取数据,应该将代码放在 while 循环中执行。另外,同发送数据一样,这也是不安全的代码,要添加 try catch 语句。修改后的代码如下:

```
//数据
int b;
while (!Button.ESCAPE.isDown()) {
    try {
        //读取数据
        b=inData.readInt();
        //显示数据
        LCD.drawInt(b, 8, 0, 1);
    } catch (IOException e) {
        //e.printStackTrace();
        break;
    }
}
```

表 10-2　DataInputStream 类方法列表

返回值	方　法　名	说　　明
boolean	readBoolean( )	读取布尔值
byte	readByte( )	读取 Byte 值
char	readChar( )	读取字符
double	readDouble( )	读取双精度数
float	readFloat( )	读取浮点数
void	readFully(byte[ ] b)	读取到 byte 数组
void	readFully(byte[ ] b，int off，int len)	读取到 byte 数组
int	readInt( )	读取整型数
String	readLine( )	读取字符串
long	readLong( )	读取长整型数
short	readShort( )	读取短整型数

4. 关闭连接

程序退出前，要关闭流对象和连接对象。

```
//关闭连接
inData.close();
conn.close();
```

完成后，NXT 端的完整代码如下：
<USBReceive. java>

```
import java.io.DataInputStream;
import java.io.IOException;
import lejos.nxt.Button;
import lejos.nxt.LCD;
import lejos.nxt.comm.USB;
import lejos.nxt.comm.USBConnection;
```

```
public class USBReceive {
    public static void main(String[] args) {
        //等待 USB 连接
        LCD.drawString("waiting...", 0, 0);
        USBConnection conn=USB.waitForConnection();
        //连接成功
        LCD.drawString("Connected", 0, 0);
        //接收消息的数据流
        DataInputStream inData=conn.openDataInputStream();
        //数据
        int b;
        while (!Button.ESCAPE.isDown()) {
            try {
                //读取数据
                b=inData.readInt();
                //显示数据
                LCD.drawInt(b, 8, 0, 1);
            } catch (IOException e) {
                //e.printStackTrace();
                break;
            }
        }
        try {
            //关闭连接
            inData.close();
            conn.close();
        } catch (IOException e) {
            //e.printStackTrace();
        }
    }
}
```

现在，两部分程序都完成了，下面来运行吧！

先把 NXT 端的程序上传并运行，屏幕上显示"waiting..."。接着运行 PC 端的程序，这时在 NXT 的屏幕上就可以看到接收到的数据了。

10.2.4　PC 远程控制机器人

使用 USB 数据线连接 NXT 主机和 PC 后，除了发送信息，还有一个重要的应用：用计算机控制机器人的动作。原理其实很简单。在上个实验中，NXT 端做的工作是接收到信息之后显示在屏幕上，现在只要将其改为接收到指令（前进、后退）之后，命令电动机正转或反转就可以了。而 PC 端要做的事情就是将操作转换为前进或后退的指令发送出去。例如，约定如表 10-3 所示。

这次依旧先写 PC 端的程序。这个程序会比上个程序复杂一些，因为要做一个"控制台"来操作机器人。控制台上有上、下、左、右 4 个按钮，控制小车的前进和转向。还要有一个"鸣笛"按钮，控制小车发出声音。完成后的控制台界面如图 10-5 所示。

表 10-3　**操作指令**

指　　令	操　　作	指　　令	操　　作
0	停止	3	左转
1	前进	4	右转
2	后退	5	声音

图 10-5　**控制台界面**

程序要做的事情就是根据鼠标按下的按钮不同,发送不同的指令信息。指令如下:

```
//指令
static int STOP=0, GO=1, BACK=2, LEFT=3, RIGHT=4, BEEP=5;
```

发送指令依然是调用 DataOutputStream 对象的 writeInt 方法。

```
//指令
int cmd;
//发送指令
try {
    outData.writeInt(cmd);
    outData.flush();
} catch (IOException e1) {
    e1.printStackTrace();
}
```

变量 cmd 代表指令(STOP、GO 等)。关于如何编写 Java 的图形界面,不在本课程范围之内。有兴趣的读者可以自行查阅相关书籍。这里直接给出完成后的代码。

＜ControlBoard.java＞

```
import java.awt.event.MouseEvent;
import java.awt.event.MouseListener;
import java.awt.event.WindowAdapter;
```

```java
import java.awt.event.WindowEvent;
import java.awt.event.WindowListener;
import java.io.DataOutputStream;
import java.io.IOException;
import javax.swing.JButton;
import javax.swing.JFrame;
import lejos.pc.comm.NXTConnector;

public class ControlBoard extends JFrame {
    //指令
    static int STOP=0, GO=1, BACK=2, LEFT=3, RIGHT=4, BEEP=5;

    public ControlBoard() {

    }

    public static void main(String[] args) {
        //实例化一个连接对象
        NXTConnector conn=new NXTConnector();
        //连接到 usb
        if (!conn.connectTo("usb://")) {
            System.err.println("No NXT found using USB");
            System.exit(1);
        }
        //发送消息的数据流
        DataOutputStream outData=new DataOutputStream(conn.getOutputStream());

        //绘制界面
        JFrame f=new JFrame();
        //标题
        f.setTitle("ControlBoard");
        //大小
        f.setSize(288, 314);
        //固定大小
        f.setResizable(false);
        //位置
        f.setLocationRelativeTo(null);
        //布局
        f.setLayout(null);

        //前进按钮
        JButton btnUp=new JButton("↑");
        btnUp.setBounds(100, 100, 80, 80);
        btnUp.addMouseListener(new MouseAction(outData, GO));
        f.add(btnUp);
        //后退按钮
        JButton btnDown=new JButton("↓");
        btnDown.setBounds(100, 200, 80, 80);
        btnDown.addMouseListener(new MouseAction(outData, BACK));
```

```java
        f.add(btnDown);
        //左转按钮
        JButton btnLeft=new JButton("←");
        btnLeft.setBounds(0, 200, 80, 80);
        btnLeft.addMouseListener(new MouseAction(outData, LEFT));
        f.add(btnLeft);
        //右转按钮
        JButton btnRight=new JButton("→");
        btnRight.setBounds(200, 200, 80, 80);
        btnRight.addMouseListener(new MouseAction(outData, RIGHT));
        f.add(btnRight);
        //鸣笛按钮
        JButton btnBeep=new JButton("BEEP");
        btnBeep.setBounds(200, 100, 80, 80);
        btnBeep.addMouseListener(new MouseAction(outData, BEEP));
        f.add(btnBeep);

        WindowListener listener=new WindowAdapter() {
            public void windowClosing(WindowEvent w) {
                System.exit(0);
            }
        };
        //注册监听器
        f.addWindowListener(listener);
        f.setVisible(true);
    }
}


//鼠标事件处理
class MouseAction implements MouseListener {
    //发送消息的数据流
    DataOutputStream outData;
    //指令
    int cmd;

    //构造函数
    MouseAction(DataOutputStream _outData, int _cmd) {
        outData=_outData;
        cmd=_cmd;
    }

    @Override
    public void mouseClicked(MouseEvent e) {

    }

    //鼠标按下
    @Override
    public void mousePressed(MouseEvent e) {
```

```
    //发送指令
    try {
        outData.writeInt(cmd);
        outData.flush();
    } catch (IOException e1) {
        e1.printStackTrace();
    }
}

//鼠标弹起
@Override
public void mouseReleased(MouseEvent e) {
    //发送命令
    try {
        outData.writeInt(0);
        outData.flush();
    } catch (IOException e1) {
        e1.printStackTrace();
    }
}

@Override
public void mouseEntered(MouseEvent e) {

}

@Override
public void mouseExited(MouseEvent e) {

}
}
```

接下来编写 NXT 端程序。NXT 端程序就简单多了，只需要编写小车的前进、后退等方法（例 6-7 代码）和读取 PC 端发送的信息，然后进行判断就可以了。

控制小车的代码如下：

```
//前进
private static void Go() {
    Motor.B.forward();
    Motor.C.forward();
}
```

读取 PC 端发送的指令并显示出来。

```
//读取数据
int b=inData.readInt();
//显示数据
LCD.drawInt(b, 8, 0, 1);
```

根据指令,执行相应的操作。

```
//判断指令
switch (b) {
case 0:
    if (isRunning) {
        //停止
        Stop();
        //修改状态
        isRunning=false;
    }
    break;
case 1:
    if (!isRunning) {
        //前进
        Go();
        //修改状态
        isRunning=true;
    }
    break;
case 2:
    if (!isRunning) {
        //后退
        Back();
        //修改状态
        isRunning=true;
    }
    break;
case 3:
    if (!isRunning) {
        //左转
        Left();
        //修改状态
        isRunning=true;
    }
    break;
case 4:
    if (!isRunning) {
        //右转
        Right();
        //修改状态
        isRunning=true;
    }
    break;
case 5:
    //喇叭
    Sound.beep();
    break;
}
```

完成后,NXT 端的代码如下:

＜ControlBoard.java＞

```java
import java.io.DataInputStream;
import java.io.IOException;
import lejos.nxt.Button;
import lejos.nxt.ButtonListener;
import lejos.nxt.LCD;
import lejos.nxt.Motor;
import lejos.nxt.Sound;
import lejos.nxt.comm.USB;
import lejos.nxt.comm.USBConnection;

public class ControlBoard {
    //当前小车状态 0-待机，1-前进，2-停止，3-倒车，4-转向
    static boolean isRunning=false;
    //指令
    static int STOP=0, GO=1, BACK=2, LEFT=3, RIGHT=4, BEEP=5;

    public static void main(String[] args) throws Exception {
        Button.ESCAPE.addButtonListener(new ButtonListener() {
            @Override
            public void buttonReleased(Button b) {

            }

            @Override
            public void buttonPressed(Button b) {
                System.exit(0);
            }
        });

        //等待 USB 连接
        LCD.drawString("waiting...", 0, 0);
        USBConnection conn=USB.waitForConnection();
        //连接成功
        LCD.drawString("Connected", 0, 0);
        //接收消息的数据流
        DataInputStream inData=conn.openDataInputStream();
        //数据
        int b;
        while (true) {
            try {
                //读取数据
                b=inData.readInt();
                //显示数据
                LCD.drawInt(b, 8, 0, 1);
                //判断指令
                switch (b) {
                case 0:
                    if (isRunning) {
                        //停止
```

```
                        Stop();
                        //修改状态
                        isRunning=false;
                    }
                    break;
                case 1:
                    if (!isRunning) {
                        //前进
                        Go();
                        //修改状态
                        isRunning=true;
                    }
                    break;
                case 2:
                    if (!isRunning) {
                        //后退
                        Back();
                        //修改状态
                        isRunning=true;
                    }
                    break;
                case 3:
                    if (!isRunning) {
                        //左转
                        Left();
                        //修改状态
                        isRunning=true;
                    }
                    break;
                case 4:
                    if (!isRunning) {
                        //右转
                        Right();
                        //修改状态
                        isRunning=true;
                    }
                    break;
                case 5:
                    //喇叭
                    Sound.beep();
                    break;
                }
            } catch (IOException e) {
                //e.printStackTrace();
                break;
            }
        }
    }
```

```java
//前进
private static void Go() {
    Motor.B.forward();
    Motor.C.forward();
}

//后退
private static void Back() {
    Motor.B.backward();
    Motor.C.backward();
}

//左转
private static void Left() {
    Motor.B.backward();
    Motor.C.forward();
}

//右转
private static void Right() {
    Motor.B.forward();
    Motor.C.backward();
}

//停止
private static void Stop() {
    Motor.B.stop(true);
    Motor.C.stop();
    Motor.B.flt();
    Motor.C.flt();
}
}
```

先运行 NXT 端程序，屏幕上显示等待连接（waiting...）。然后启动 PC 端程序，用鼠标单击"↑"按钮，NXT 小车就开始前进；单击"↓"按钮，小车后退。这样就实现了对机器人的远程控制。其他更加复杂的操作，就留给读者自己思考了。

10.2.5　双向通信

除了使用 PC 控制机器人行动，机器人还可以将采集到的数据，如光线强度、距离等信息发送到 PC 端。使用的方法同 PC 端发送数据到 NXT 主机是一样的，只是方向反过来了。对上一节的代码稍作修改，就可以将 NXT 主机采集到的数据发送到 PC 并显示出来。

这次先修改 NXT 端的程序。首先，将距离传感器插在 NXT 主机的 1 号端口上，并设置工作模式。

```
//距离传感器
UltrasonicSensor us=new UltrasonicSensor(SensorPort.S1);
//工作模式
us.continuous();
```

因为 NXT 端要发送传感器数据,所以要有一个输出数据流。

```
//发送消息的数据流
DataOutputStream outData=conn.openDataOutputStream();
```

最后,使用 while 循环发送数据。因为数据的发送和读取是阻断线程的,所以增加一个子线程用于发送数据。

```
//新建一个线程,用于发送数据
Thread t1=new Thread(new Runnable() {
    //重写 run 方法
    @Override
    public void run() {
        while (true) {
            //发送数据
            try {
                outData.writeInt(us.getDistance());
                outData.flush();
            } catch (IOException e) {
                e.printStackTrace();
            }
            //发送间隔
            Delay.msDelay(200);
        }
    }
});
//启动 t1 线程
t1.start();
```

修改完之后的 NXT 端代码如下:
<ControlBoard.java>

```
import java.io.DataInputStream;
import java.io.DataOutputStream;
import java.io.IOException;
import lejos.nxt.Button;
import lejos.nxt.ButtonListener;
import lejos.nxt.LCD;
import lejos.nxt.Motor;
import lejos.nxt.SensorPort;
import lejos.nxt.Sound;
import lejos.nxt.UltrasonicSensor;
import lejos.nxt.comm.USB;
```

```
import lejos.nxt.comm.USBConnection;
import lejos.util.Delay;

public class ControlBoard {
    //当前小车状态 0-待机,1-前进,2-停止,3-倒车,4-转向
    static boolean isRunning=false;
    //指令
    static int STOP=0, GO=1, BACK=2, LEFT=3, RIGHT=4, BEEP=5;

    public static void main(String[] args) throws Exception {
        Button.ESCAPE.addButtonListener(new ButtonListener() {
            @Override
            public void buttonReleased(Button b) {

            }

            @Override
            public void buttonPressed(Button b) {
                System.exit(0);
            }
        });

        //等待 USB 连接
        LCD.drawString("waiting...", 0, 0);
        USBConnection conn=USB.waitForConnection();
        //连接成功
        LCD.drawString("Connected", 0, 0);
        //接收消息的数据流
        DataInputStream inData=conn.openDataInputStream();
        //发送消息的数据流
        final DataOutputStream outData=conn.openDataOutputStream();
        //距离传感器
        final UltrasonicSensor us=new UltrasonicSensor(SensorPort.S1);
        //工作模式
        us.continuous();

        //新建一个线程,用于发送数据
        Thread t1=new Thread(new Runnable() {
            //重写 run 方法
            @Override
            public void run() {
                while (true) {
                    //发送数据
                    try {
                        outData.writeInt(us.getDistance());
                        outData.flush();
                    } catch (IOException e) {
                        e.printStackTrace();
                    }
```

```
        //发送间隔
        Delay.msDelay(200);
    }
}
});
//启动 t1 线程
t1.start();
//数据
int b;
while (true) {
    try {
        //读取数据
        b=inData.readInt();
        //显示数据
        LCD.drawInt(b, 8, 0, 1);
        //判断指令
        switch (b) {
        case 0:
            if (isRunning) {
                //停止
                Stop();
                //修改状态
                isRunning=false;
            }
            break;
        case 1:
            if (!isRunning) {
                //前进
                Go();
                //修改状态
                isRunning=true;
            }
            break;
        case 2:
            if (!isRunning) {
                //后退
                Back();
                //修改状态
                isRunning=true;
            }
            break;
        case 3:
            if (!isRunning) {
                //左转
                Left();
                //修改状态
                isRunning=true;
            }
            break;
```

```
                case 4:
                    if (!isRunning) {
                        //右转
                        Right();
                        //修改状态
                        isRunning=true;
                    }
                    break;
                case 5:
                    //喇叭
                    Sound.beep();
                    break;
                }
            } catch (IOException e) {
                //e.printStackTrace();
                break;
            }
        }
        //关闭连接
        outData.close();
        inData.close();
        conn.close();
    }

    //前进
    private static void Go() {
        Motor.B.forward();
        Motor.C.forward();
    }

    //后退
    private static void Back() {
        Motor.B.backward();
        Motor.C.backward();
    }

    //左转
    private static void Left() {
        Motor.B.backward();
        Motor.C.forward();
    }

    //右转
    private static void Right() {
        Motor.B.forward();
        Motor.C.backward();
    }

    //停止
```

```
    private static void Stop() {
        Motor.B.stop(true);
        Motor.C.stop();
        Motor.B.flt();
        Motor.C.flt();
    }
}
```

同理,PC 端也要稍做修改。首先增加一个 JTextField 控件,用来显示接收到的数据。

```
//信息显示
JTextField t=new JTextField(100);
t.setBounds(10, 10, 260, 40);
t.setEditable(false);
//t.setText("MESSAGE:");              //信息
f.add(t);
```

修改之后的界面如图 10-6 所示。

图 10-6　增加距离显示

接着创建一个接收数据的流。

```
//接收消息的数据流
DataInputStream inData=new DataInputStream(conn.getInputStream());
```

最后,通过 while 循环读取 NXT 主机发送回的数据,并通过 JTextField 对象的 setText()方法显示在控制台上。

```
while (true) {
    try {
        //读取数据
```

```
        int b=inData.readInt();
        //显示数据
        t.setText("距离：    "+b+" cm");
    } catch (IOException e) {
        //e.printStackTrace();
        break;
    }
}
```

完整的代码如下：

<ControlBoard. java>

```
import java.awt.event.MouseEvent;
import java.awt.event.MouseListener;
import java.awt.event.WindowAdapter;
import java.awt.event.WindowEvent;
import java.awt.event.WindowListener;
import java.io.DataInputStream;
import java.io.DataOutputStream;
import java.io.IOException;
import javax.swing.JButton;
import javax.swing.JFrame;
import javax.swing.JTextField;
import lejos.pc.comm.NXTConnector;

public class ControlBoard extends JFrame {
    private static final long serialVersionUID=1L;
    //指令
    static int STOP=0, GO=1, BACK=2, LEFT=3, RIGHT=4, BEEP=5;

    public ControlBoard() {

    }

    public static void main(String[] args) {
        //实例化一个连接对象
        NXTConnector conn=new NXTConnector();
        //连接到 usb
        if (!conn.connectTo("usb://")) {
            System.err.println("No NXT found using USB");
            System.exit(1);
        }
        //发送消息的数据流
        DataOutputStream outData=new DataOutputStream(conn.getOutputStream());
        //接收消息的数据流
        DataInputStream inData=new DataInputStream(conn.getInputStream());
        //绘制界面
        JFrame f=new JFrame();
```

```
//标题
f.setTitle("ControlBoard");
//大小
f.setSize(288, 314);
//固定大小
f.setResizable(false);
//位置
f.setLocationRelativeTo(null);
//布局
f.setLayout(null);

//信息显示
JTextField t=new JTextField(100);
t.setBounds(10, 10, 260, 40);
t.setEditable(false);
t.setText("距离:     ");           //信息
f.add(t);
//前进按钮
JButton btnUp=new JButton("↑");
btnUp.setBounds(100, 100, 80, 80);
btnUp.addMouseListener(new MouseAction(outData, GO));
f.add(btnUp);
//后退按钮
JButton btnDown=new JButton("↓");
btnDown.setBounds(100, 200, 80, 80);
btnDown.addMouseListener(new MouseAction(outData, BACK));
f.add(btnDown);
//左转按钮
JButton btnLeft=new JButton("←");
btnLeft.setBounds(0, 200, 80, 80);
btnLeft.addMouseListener(new MouseAction(outData, LEFT));
f.add(btnLeft);
//右转按钮
JButton btnRight=new JButton("→");
btnRight.setBounds(200, 200, 80, 80);
btnRight.addMouseListener(new MouseAction(outData, RIGHT));
f.add(btnRight);
//鸣笛按钮
JButton btnBeep=new JButton("BEEP");
btnBeep.setBounds(200, 100, 80, 80);
btnBeep.addMouseListener(new MouseAction(outData, BEEP));
f.add(btnBeep);

WindowListener listener=new WindowAdapter() {
    public void windowClosing(WindowEvent w) {
        System.exit(0);
    }
};
```

```
            //注册监听器
            f.addWindowListener(listener);
            f.setVisible(true);
            //数据
            int b;
            while (true) {
                try {
                    //读取数据
                    b=inData.readInt();
                    //显示数据
                    t.setText("距离:    "+b+" cm");
                } catch (IOException e) {
                    //e.printStackTrace();
                    break;
                }
            }
            try {
                //关闭连接
                inData.close();
                conn.close();
            } catch (IOException e) {
                //e.printStackTrace();
            }
        }
    }


//鼠标事件处理
class MouseAction implements MouseListener {
    //发送消息的数据流
    DataOutputStream outData;
    //指令
    int cmd;

    //构造函数
    MouseAction(DataOutputStream _outData, int _cmd) {
        outData=_outData;
        cmd=_cmd;
    }

    @Override
    public void mouseClicked(MouseEvent e) {

    }

    //鼠标按下
    @Override
    public void mousePressed(MouseEvent e) {
        //发送指令
        try {
```

```
            outData.writeInt(cmd);
            outData.flush();
        } catch (IOException e1) {
            e1.printStackTrace();
        }
    }


    //鼠标弹起
    @Override
    public void mouseReleased(MouseEvent e) {
        //发送指令
        try {
            outData.writeInt(0);
            outData.flush();
        } catch (IOException e1) {
            e1.printStackTrace();
        }
    }


    @Override
    public void mouseEntered(MouseEvent e) {

    }


    @Override
    public void mouseExited(MouseEvent e) {

    }
}
```

像上个实验一样,先运行 NXT 端程序,再运行 PC 端程序,就可以一边控制智能小车前进,一边在计算机上查看传感器传回的数据了。

10.3　机器人与机器人通信

10.3.1　建立蓝牙连接

前面曾讲过,一次蓝牙通信需要有 1 个发起连接的主机和至少 1 个客户机。NXT 机器人最多支持 3 个客户机和 1 个主机通信。接下来就进行一对一的蓝牙通信。假设机器人 A 作为主机,机器人 B 作为客户机,首先要建立蓝牙连接。

打开机器人 B 的电源,进入 Bluetooth 菜单。选择 Power on 打开蓝牙,如图 10-7 所示。

稍等一下,出现蓝牙选项。找到 Visibility 项,将蓝牙设置为可被发现,如图 10-8 所示。

打开机器人 A 的电源,进入 Bluetooth 菜单,选择 Power on 打开蓝牙。找到 Search/Pair 项,启动蓝牙查找功能,如图 10-9 所示。

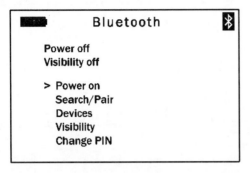

图 10-7　打开蓝牙

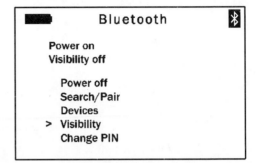

图 10-8　将蓝牙设置为可被发现

稍等片刻,在搜索结果列表中显示搜索到的机器人 B,如图 10-10 所示。

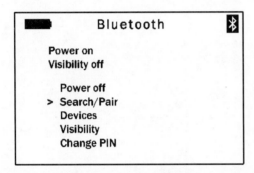

图 10-9　启动蓝牙查找功能

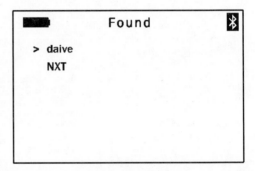

图 10-10　搜索结果

单击确定按钮,进入配对菜单,如图 10-11 所示。

在 PIN 界面输入 1234,如图 10-12 所示。

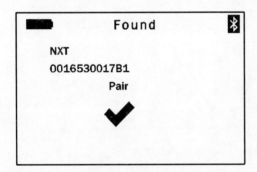

图 10-11　进行配对

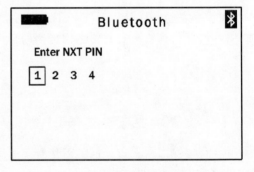

图 10-12　输入配对码

稍等片刻,配对成功。

10.3.2　远程控制机器人

首先把机器人 B 组装成一个小车,然后在机器人 A 的 A 端口上连接一个电动机,组装成控制手柄,如图 10-13 所示。所要做的是,当向前转动齿轮的时候,机器人 B 前进;向后转动齿轮的时候,机器人 B 后退。同时机器人 B 行进速度的大小也要跟随操作轮盘转动的幅度而变化。

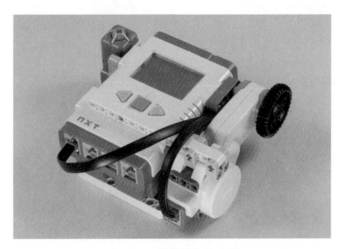

图 10-13　操作手柄示意图

要用一台 NXT 机器人远程控制另一台 NXT 机器人,需要使用 RemoteNXT 类。

```
//远程 NXT 实例
RemoteNXT nxt=new RemoteNXT("NXT", Bluetooth.getConnector());
```

一旦建立连接,leJOS 提供了一套方案,可以获取机器人 B 的控制权。例如,可以查看机器人 B 的电池电量。

```
//远程机器人的电池
RemoteBattery bat=nxt.Battery;
//显示电量
LCD.drawString("Battery:", 0, 3);
LCD.drawInt(bat.getVoltageMilliVolt(), 6, 10, 3);
```

也可以控制机器人 B 的电动机。

```
//远程机器人的电动机
RemoteMotor moto=nxt.A;
//显示电动机转速
LCD.drawString("Speed:", 0, 5);
LCD.drawInt(moto.getSpeed(), 6, 10, 5);
//设置电动机功率
moto.setPower(power);
moto.forward();
```

甚至传感器采集的数据都能够获取。

```
//远程传感器
LightSensor light=new LightSensor(nxt.S1);
//显示传感器
LCD.drawString("Light:", 0, 4);
LCD.drawInt(light.readValue(), 6, 10, 4);
```

💡 **注意**：只有实现了 I²C Port 接口或 ADSensorPort 接口的传感器才可以被远程调用。

方法：

RemoteNXT 类方法列表如表 10-4 所示。

表 10-4　RemoteNXT 类方法列表

返回值	方　法　名	说　　明
void	close()	关闭远程连接
byte	delete(String fileName)	远程删除文件
byte	deleteFlashMemory()	远程清空闪存
byte[]	download(String fileName)	下载文件到本地
byte	download(String fileName, File destination)	下载文件到本地
String	getBluetoothAddress()	获取蓝牙地址
String	getBrickName()	获取 NXT 名称
String	getCurrentProgramName()	获取当前程序名称
String[]	getFileNames()	获取所有文件列表
String[]	getFileNames(String searchCriteria)	获取查询文件列表
String	getFirmwareVersion()	获取固件版本
int	getFlashMemory()	查看闪存大小
String	getProtocolVersion()	获取 LCP 协议版本
byte	playSoundFile(String fileName)	播放声音文件
byte	playSoundFile(String fileName, boolean repeat)	播放声音文件
int	playTone(int frequency, int duration)	播放波形
byte[]	receiveMessage(int remoteInbox, int localInbox, boolean remove)	接收信息
int	sendMessage(byte[] message, int inbox)	发送信息
byte	startProgram(String fileName)	启动程序
byte	stopProgram()	结束程序
int	stopSoundPlayback()	停止播放
byte	upload(String fileName)	上传程序

属性：

RemoteNXT 类属性列表见表 10-5。

表 10-5　RemoteNXT 类属性列表

返 回 值	属 性 名	说 明
RemoteMotor	A	远程机器人电动机 A
RemoteMotor	B	远程机器人电动机 B
RemoteMotor	C	远程机器人电动机 C
RemoteBattery	Battery	远程机器人电池
RemoteSensorPort	S1	远程机器人 S1 端口
RemoteSensorPort	S2	远程机器人 S2 端口
RemoteSensorPort	S3	远程机器人 S3 端口
RemoteSensorPort	S4	远程机器人 S4 端口

下面来做控制手柄程序。首先,需要实例化一个 RemoteNXT 对象,并且通过蓝牙方式建立连接。

```
//显示信息
LCD.clear();
LCD.drawString("Connecting...", 0, 0);
//建立蓝牙连接
nxt=new RemoteNXT("NXT", Bluetooth.getConnector());
LCD.clear();
LCD.drawString("Connected", 0, 0);
```

然后获取机器人 A 的角度传感器值,并将这个值转换为机器人 B 的动力大小。规定角度传感器的取值范围为 $-900 \sim 900$,所对应的动力值大小为 $-100 \sim 100$。

```
//本地 NXT 上的角度传感器
tacho=Motor.A.getTachoCount();
if (tacho>900)
    tacho=900;
else if (tacho<-900)
    tacho=-900;
//功率发生变化
if (power != (int) (tacho/9)) {
    power=(int) (tacho/9);
    //设置电动机功率
    moto.setPower(power);
    moto.forward();
}
```

完整的代码如下:

<RemoteNXTCar.java>

```
import java.io.IOException;
import lejos.nxt.Button;
import lejos.nxt.LCD;
```

```java
import lejos.nxt.LightSensor;
import lejos.nxt.Motor;
import lejos.nxt.comm.Bluetooth;
import lejos.nxt.remote.RemoteBattery;
import lejos.nxt.remote.RemoteMotor;
import lejos.nxt.remote.RemoteNXT;

public class RemoteNXTCar {
    public static void main(String[] args) {
        //远程 NXT 实例
        RemoteNXT nxt=null;
        //显示字符串
        String firmwareString="Firmware:";
        String flashString="FlashMem:";
        String powerString="Speed:";
        String batteryString="Battery:";
        String lightString="Light:";
        //本地角度传感器
        int tacho=0;
        //功率
        int power=0;

        try {
            //显示信息
            LCD.clear();
            LCD.drawString("Connecting...", 0, 0);
            //建立蓝牙连接
            nxt=new RemoteNXT("NXT", Bluetooth.getConnector());
            LCD.clear();
            LCD.drawString("Connected", 0, 0);
            try {
                Thread.sleep(2000);
            } catch (InterruptedException e) {
                e.printStackTrace();
            }
        } catch (IOException ioe) {
            LCD.clear();
            LCD.drawString("Conn Failed", 0, 0);
            try {
                Thread.sleep(2000);
            } catch (InterruptedException e) {
                e.printStackTrace();
            }
            System.exit(1);
        }

        LCD.clear();
        //远程电动机
        RemoteMotor moto=nxt.A;
```

```
//远程传感器
LightSensor light=new LightSensor(nxt.S1);
//远程电池
RemoteBattery bat=nxt.Battery;
while (true) {
    //显示远程 NXT 信息
    LCD.drawString(nxt.getBrickName(), 0, 0);
    LCD.drawString(firmwareString, 0, 1);
    LCD.drawString(nxt.getFirmwareVersion(), 10, 1);
    LCD.drawString(flashString, 0, 2);
    LCD.drawInt(nxt.getFlashMemory(), 6, 10, 2);
    //显示电量
    LCD.drawString(batteryString, 0, 3);
    LCD.drawInt(bat.getVoltageMilliVolt(), 6, 10, 3);
    //显示传感器
    LCD.drawString(lightString, 0, 4);
    LCD.drawInt(light.readValue(), 6, 10, 4);
    //显示电动机转速
    LCD.drawString(powerString, 0, 5);
    LCD.drawInt(moto.getSpeed(), 6, 10, 5);

    int key=Button.readButtons();
    //退出按钮按下
    if (key==8) {
        LCD.clear();
        LCD.drawString("Closing...", 0, 0);
        moto.flt();
        nxt.close();
        try {
            Thread.sleep(2000);
        } catch (InterruptedException e) {
            e.printStackTrace();
        }
        System.exit(0);
    }
    //本地 NXT 上的角度传感器
    tacho=Motor.A.getTachoCount();
    if (tacho>900)
        tacho=900;
    else if (tacho<-900)
        tacho=-900;
    //功率发生变化
    if (power != (int) (tacho/9)) {
        power=(int) (tacho/9);
        //设置电动机功率
        moto.setPower(power);
        moto.forward();
    }
}
    }
}
```

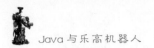

程序编写好之后,将两个 NXT 机器人的蓝牙都打开,并且使用机器人 A 的查找配对功能与机器人 B 配对成功。将程序上传到机器人 A 上并运行,就能够实现对机器人 B 的控制。要注意的是,接受控制的机器人 B 与它所运行的操作系统无关,也就是说,可以是 leJOS 系统,也可以是 LEGO 系统。这是因为控制指令是通过蓝牙协议的形式发送出去的,直接转译为 NXT 的机器码并被执行。如果在控制手柄上添加一个横向的转轮,还可以控制小车的左右转向,编程过程就留给读者自己思考了。

10.4　小　　结

无论是机器人与 PC 通信,还是机器人与机器人通信,都可以归纳为两个步骤:①建立连接;②发送数据。掌握好这两个步骤,学习起来事半功倍。第 11 章"机器人与智能手机通信"属于本章内容的延伸,除了建立连接的方式改为 Socket 外,其余部分基本相同。

第11章 机器人与智能手机

智能手机可以通过蓝牙遥控乐高机器人。本章首先讲解手机端程序的开发。要想让程序运行在你的手机上,需要搭建适用于手机开发的编程环境。手机端的程序获取到手机传感器采集的数据,并转换成指令发送给 NXT 主机。这里以方位传感器为例,介绍如何实现手机对乐高小车的控制。NXT 端的程序与第 10 章相比变化不大,依然是根据指令执行操作就可以了。

11.1 基 础 知 识

手机的发展经历了从早期简单的通话功能,到后来的发送短信、播放音乐等功能,再到近几年突飞猛进的智能手机这样一个过程。现在的手机功能更加丰富,性能更加强大。随着科技的进步,手机能做的事情越来越多(见图 11-1)。

由于各大手机厂商的推动和整个电子产业的进步,手机的硬件功能越来越强大。高清摄像头、重力传感器、指南针、光线传感器等设备都出现在智能手机上(见图 11-2)。

图 11-1　从通信工具发展到智能手机　　　　图 11-2　智能手机搭载多种传感器

与硬件同步发展的是,手机的操作系统也发生了巨大变化。从早期的嵌入式操作系统,发展为后来的开放式智能系统,再到今天形成了强大而稳定的三大阵营:苹果、安卓和 Windows Phone(见图 11-3)。

图 11-3　三大手机阵营

无论哪个阵营的智能手机,都可以通过编写程序与乐高机器人互动。因为 Android 系统的开发语言是 Java,所以这里就以 Android 手机为代表,简单介绍其开发过程。同时也因为手机开发是一个相对比较复杂和专业的过程,所以大部分知识只能一带而过。有兴趣的读者可以阅读手机开发的专业书籍。

我们要做的事情是,首先准备好一部带蓝牙功能的安卓手机,然后编写一个程序,使用手机的方向传感器(重力传感器、陀螺仪)来遥控 NXT 机器人的前进和后退。同 NXT 机器人与 PC 互动一样,与手机互动的程序也分为两部分。一部分程序运行在 NXT 主机上,这部分内容同 10.2 节所编写的程序很相似,但是我们建立连接不是使用 leJOS 提供的 BTConnection 类,而是直接使用 Java 提供的 Socket 类。Socket 也称为套接字,它是用于网络数据传输的一个接口。建立一个 Socket 连接,通常需要指定端口号、协议和 IP 地址。连接建立以后,就可以通过 Socket 向网络上发送数据或接收数据。而手机端的程序,在原理上同 10.2 节编写的 PC 端程序是一样的,不同之处在于需要使用 Socket 方式建立连接(图 11-4)。其余部分就是纯粹的手机程序开发了。

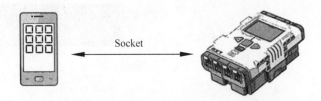

Socket

图 11-4　手机与 NXT 主机的 Socket 连接

下面开始动手操作,先从搭建开发环境做起。

11.2　手机端程序

11.2.1　搭建 Android 开发环境

开发 leJOS 程序需要安装 leJOS 的开发包,同理,开发 Android 程序也需要一个 Android 开发包。安卓的开发包叫做 ADT(Android Developer Tools,安卓开发工具)。

下载地址:http://developer.android.com/sdk/index.html

因为已经安装过 Eclipse 开发环境,所以单击下面的 USE AN EXISTING IDE 文字,

个 Eclipse 插件。SDK(Software Development Kit,软件开发环境)用于开发安卓手机程序,插件用于把开发环境和 Eclipse 结合在一起,就如同 NXT 插件的作用一样。双击下载的 installer_r22.2.1-windows.exe 文件开始安装,如图 11-7 所示。

图 11-7　开始安装 SDK

单击 Next 按钮继续,程序会自动找到 Java SDK 的安装位置,如图 11-8 所示。

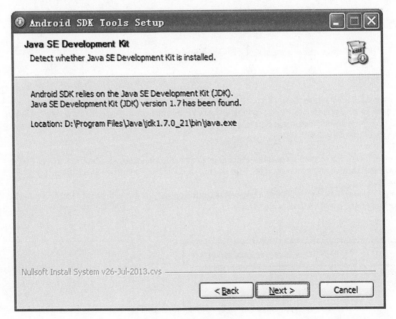

图 11-8　发现 Java SDK

单击 Next 按钮,选中 Install for anyone using this computer 单选按钮,如图 11-9 所示,单击 Next 按钮。

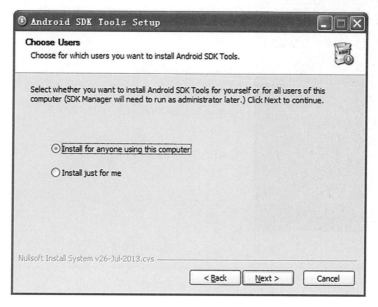

图 11-9 选择所有人

选择安卓 SDK 安装位置,如图 11-10 所示。

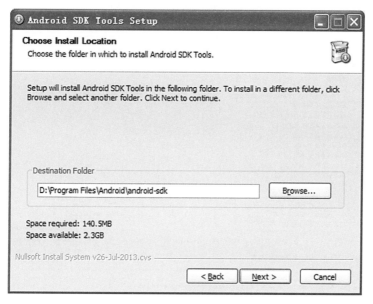

图 11-10 选择安装位置

几分钟后,安装完成。选中 Start SDK Manager 复选框,单击 Finish 按钮,如图 11-11 所示。

图 11-11　安装完成

随后安装程序自动启动 SDK Manager。选中 Tools 和 Android 2.3.3 复选框,然后单击 Install 5 packages 按钮,如图 11-12 所示。

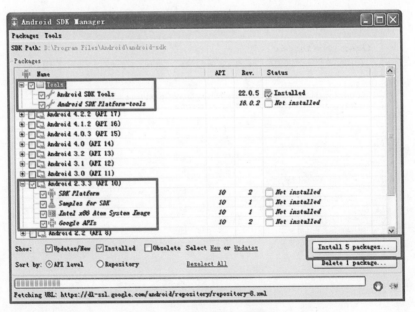

图 11-12　选择要安装的项目

接受协议,单击 Install 按钮开始下载并安装,如图 11-13 所示。

安装完 SDK 后,启动 Eclipse。在菜单栏选择 Help→Install New Software 命令,单击 Add 按钮打开添加源对话框(见图 11-14),并输入下面内容。

Name：ADT Plugin

Location：https://dl-ssl. google. com/android/eclipse/

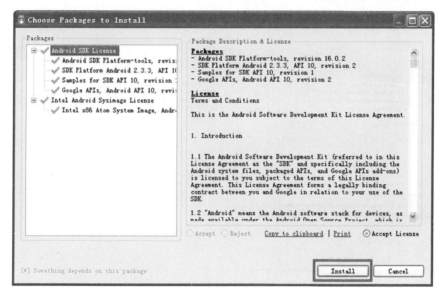

图 11-13 接受协议并开始安装

图 11-14 添加插件

单击 OK 按钮关闭对话框。稍后出现可用插件列表，选中 Developer Tools 复选框，单击 Next 按钮开始安装，如图 11-15 所示。

5～15min 后安装完成。重启 Eclipse，在菜单栏选择 File→New→Project 命令，在项目列表中出现 Android 类项目，安装成功。

11.2.2 新建 Android 程序

安卓环境搭建完毕，就可以开发应用程序了。手机端的程序要做的几件事情包括设计界面、建立蓝牙连接、读取传感器的值、发送指令等。

Ⅰ.新建程序

打开 Eclipse 开发环境，在菜单栏选择 Flie→New→Project 命令，新建一个 Android Application Project 项目，单击 Next 按钮，如图 11-16 所示。

填写应用程序名称并选择 SDK 版本。Minimum SDK 表示程序所能支持的最低版

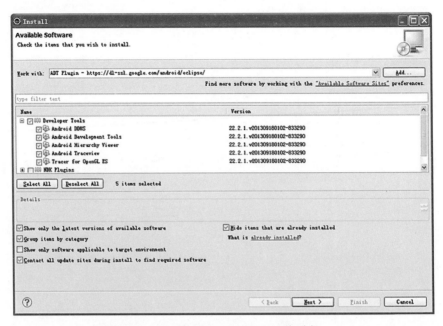

图 11-15　选中 Developer Tools 复选框

图 11-16　新建一个 Android 项目

本的安卓操作系统,建议尽量选择低版本的 SDK。Target SDK 和 Compile SDK 表示程序编译时使用的 SDK 版本,这个版本应该与你的手机系统版本相同。例如,你的手机运行的是 Android 4.1 系统,这里就应该选择 API16。安卓程序是向下兼容的,为了能够让你的程序在更多的手机上运行,这里建议选择较低的 SDK 版本,如图 11-17 所示。

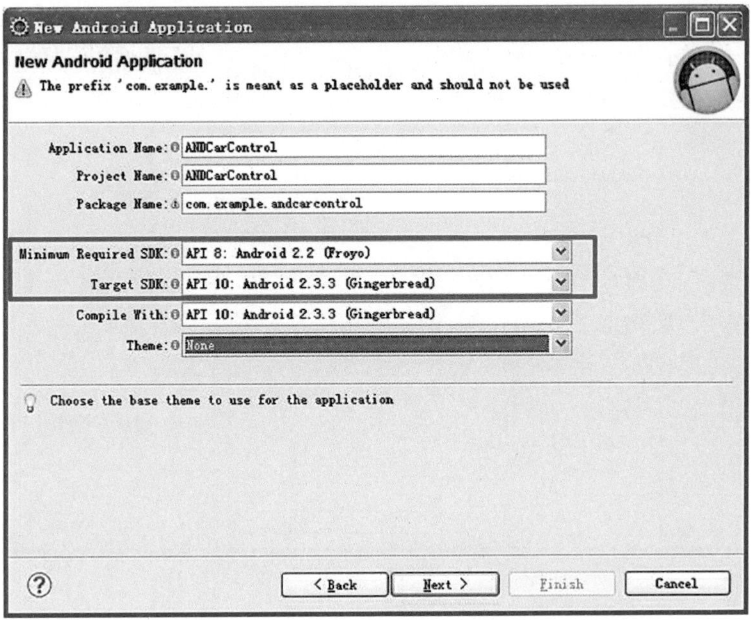

图 11-17　选择 SDK 版本

使用默认设置项,单击 Next 按钮继续,如图 11-18 所示。

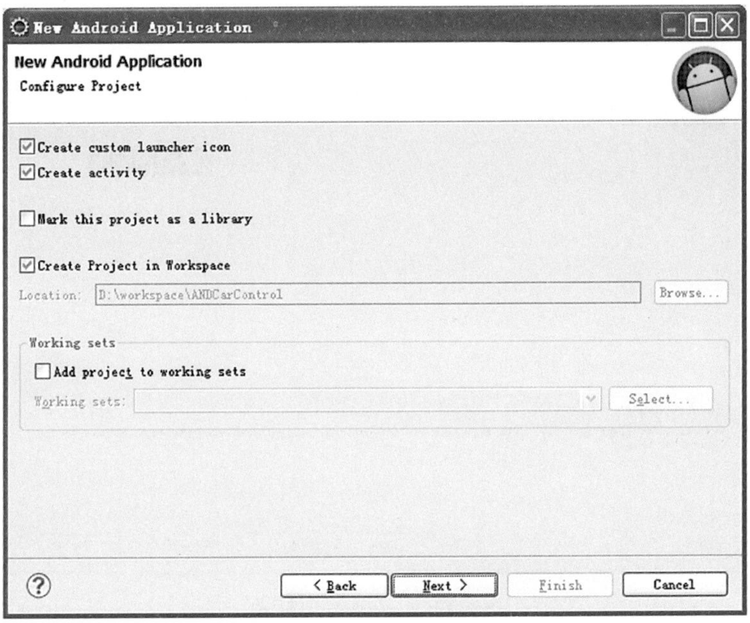

图 11-18　项目设置

设置程序图标等。选择默认项，单击 Next 按钮继续，如图 11-19 所示。

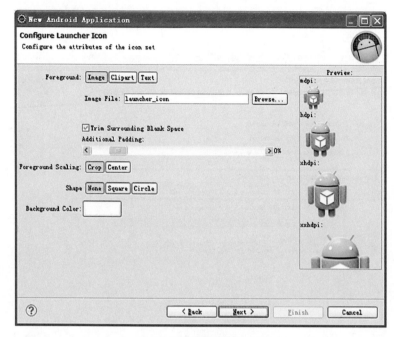

图 11-19　设置程序图标

选择界面样式。这里使用默认样式，单击 Next 按钮继续，如图 11-20 所示。

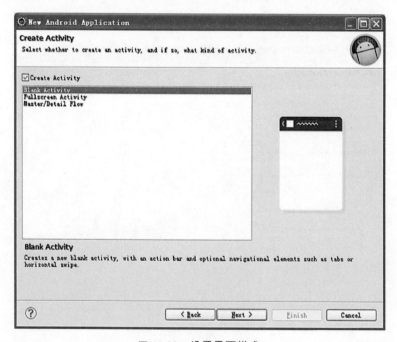

图 11-20　设置界面样式

设置主窗体名称。这里使用默认名称，单击 Finish 按钮完成，如图 11-21 所示。

图 11-21　完成界面

2. 编写界面

因为只是一个简单的示例，界面上只需要有一个显示状态信息的文字和一个启动/停止按钮就可以了。打开并编辑/ANDCarControl/res/layout/activity_main.xml 文件，设计程序界面如图 11-22 所示。

图 11-22　设计程序界面

编辑好界面后,可以在模拟器中查看运行结果。模拟器是 ADT 提供的一个用于模拟手机运行环境的工具,它和程序最终运行在手机上的效果是一样的,如图 11-23 所示。

图 11-23 使用模拟器查看运行效果

3. 实现功能

接下来通过编写代码来实现对 NXT 小车的控制。在项目文件夹下打开并编辑/ANDCarControl/src/com/example/andcarcontrol/MainActivity.java 文件。首先定义变量,代码如下:

```
//按钮
private ToggleButton btnStart;
//文字
private TextView txtMsg;
//传感器管理
private SensorManager sensorManager;
//传感器
private Sensor sensor;
//蓝牙适配器
private BluetoothAdapter BTAdapter;
//蓝牙设备
BluetoothDevice BTDevice;
//已配对设备
Set<BluetoothDevice> PairedDevices;
//Socket
private BluetoothSocket BTSocket;
//输出流
```

```
public DataOutputStream OutData;
//指令
int msg;
```

然后打开蓝牙适配器，并找到匹配的 NXT 主机。

```
//蓝牙适配器
BTAdapter=BluetoothAdapter.getDefaultAdapter();
//蓝牙是否可用
if (BTAdapter==null) {
    Toast.makeText(this, "设备不支持蓝牙", Toast.LENGTH_SHORT).show();
    //finish();
    return;
}
//开启蓝牙
if (!BTAdapter.isEnabled()) {
    Intent enableIntent=new Intent(
            BluetoothAdapter.ACTION_REQUEST_ENABLE);
    startActivityForResult(enableIntent, 1);
}
//NXT 的名称
String name="NXT";
//蓝牙设备
BTDevice=null;
//搜索到的蓝牙设备
PairedDevices=BTAdapter.getBondedDevices();
//遍历蓝牙设备
for (BluetoothDevice device : PairedDevices) {
    if (device.getName().equals(name)) {
        BTDevice=device;
        break;
    }
}
```

找到配对的 NXT 设备后，就可以建立 Socket 连接了。

```
//建立 socket 连接
try {
    BTSocket=BTDevice.createRfcommSocketToServiceRecord(UUID
            .fromString("00001101-0000-1000-8000-00805f9b34fb"));
    BTSocket.connect();
    OutData=new DataOutputStream(BTSocket.getOutputStream());
    txtMsg.setText("连接成功! ("+BTDevice.getName()+")");
} catch (IOException e) {
    //连接失败
    Toast.makeText(this, "与 NXT 连接失败!", Toast.LENGTH_SHORT).show();
    return;
}
```

```
//连接成功
Toast.makeText(this, "与 NXT 连接成功!", Toast.LENGTH_SHORT).show();
```

Socket 连接建立后,程序读取手机端方向传感器的数据,并发送到 NXT 端。

```
//方向传感器(也可以使用重力传感器)
Sensor sensor=sensorManager
        .getDefaultSensor(Sensor.TYPE_ORIENTATION);
//发送指令
int msg=Math.round(event.values[1]);
try {
    SendMessageInt(msg);
} catch (IOException e) {
    e.printStackTrace();
}
txtMsg.setText("发送数据:"+msg);
```

这样,手机端的程序就完成了。读者可以在本书所提示的网站下载完整的代码。

11.2.3 运行 Android 程序

在手机上运行编译好的 Android 程序,需要先将手机设置为开发者模式。在手机上
单击设置→应用程序→开发,选中"USB 调试"复选框。为了方便调试程序,最好同时选
中"保持唤醒状态"复选框(见图 11-24)。不同版本的手机,菜单位置略有不同。

图 11-24 启动 USB 调试模式

设置好后,将手机用 USB 数据线与计算机连接,等待系统自动安装驱动程序。直到
手机顶端通知栏显示"已连接 USB 调试"字样。

在项目名称上右击，在弹出的快捷菜单中选择 Run As→Android Application 命令，如图 11-25 所示。

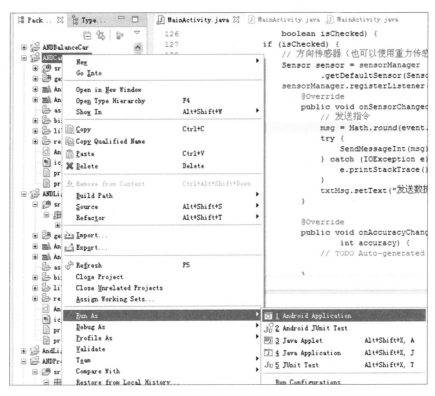

图 11-25 Run As 菜单

这时会弹出对话框让你选择运行方式。上面一个是模拟器，下面一个是真实的手机。选择好后单击 OK 按钮，如图 11-26 所示。

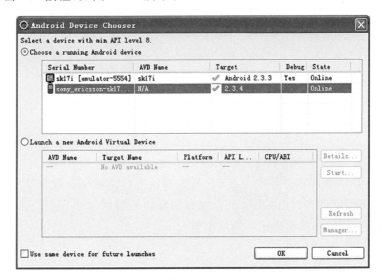

图 11-26 选择在手机上运行程序

如果之前调试的时候程序没有错误,这时就可以在手机上看到运行结果了。

11.3　NXT 端程序

NXT 端的程序同 10.2 节代码类似。这里需要改为调用 BTConnection 类建立数据连接。

```
//等待蓝牙连接
LCD.drawString("waiting...", 0, 0);
//USBConnection conn=USB.waitForConnection();
BTConnection btc=Bluetooth.waitForConnection(0, NXTConnection.RAW);
```

建立连接后,依然使用 DataInputStream 类的 readInt() 方法读取数据:

```
//接收消息的数据流
DataInputStream inData=btc.openDataInputStream();
//读取数据
int b=inData.readInt();
//显示数据
LCD.drawInt(b, 8, 0, 1);
```

控制小车行走的函数需要重新编写。手机端发送的不是指令,而是当前传感器的状态。状态值的大小,代表电动机的转速。值越大,表示手机倾斜角度越大,电动机转速越快,反之越慢。状态值的符号代表方向,正数表示前进,负数表示后退。

```
//控制转速
private static void ControlMotor(int pOWER) {
    Motor.A.setSpeed(pOWER);
    if (pOWER>0) {
        Motor.A.forward();
    } else if (pOWER==0) {
        Motor.A.stop();
    } else {
        Motor.A.backward();
    }
}
```

手机端和 NXT 端的程序都完成后,就可以开始进行测试了。这个实验只是简单地实现了控制小车的前进和后退,大家也可以利用重力传感器对小车进行多维度的控制。本章的完整代码,请到本书所提示的网站下载。

11.4　小　　结

　　Android 程序开发虽然属于 Java 语言的范畴,但是相对来讲是较为独立的一个领域。本章带领大家快速浏览了智能手机程序的开发过程。对于想深入了解手机开发的读者,仅仅阅读本章内容是不够的。目前关于智能手机开发的书籍十分丰富,读者可以买一本认真学习。另外,IOS 系统下的开发与 Android 原理类似,也是通过蓝牙协议或 Socket 编程实现远程控制,本书就不做介绍了。

第 12 章 扩展阅读

本章主要讲述 leJOS 图形工具的使用。固件更新工具可以将最新的 leJOS 系统刷入到 NXT 主机中，也可以在你的主机发生严重故障，如不能启动之时恢复到出厂的状态。在数据处理章节，将向大家介绍一个新的类——Datalogger。这个类可以记录程序运行中产生的数据，并上传到 PC 端供开发人员查看。本书在第 3 章曾经讲过，Java JDK 的运行需要正确配置环境变量。当你更新过 JDK 之后如果发现编译器工作异常，就应该检查环境变量参数是否正确。12.6 节讲解如何设置 Java 的环境变量。

12.1 更新固件

leJOS 提供了一个固件更新工具。它位于"开始"→"所有程序"→leJOS NXJ→NXJ Flash。这个工具可以让你随时更新 NXT 的固件，如图 12-1 所示。

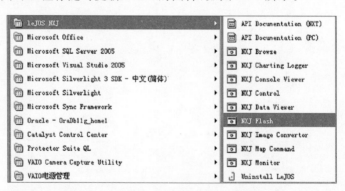

图 12-1 在"开始"菜单中找到 NXJ Flash 工具

打开 NXJ Flash 工具，就可以更新 NXT 主机的固件，如图 12-2 所示。具体步骤请阅读 3.2 节。

你也可以随时刷回 NXT 的出厂固件。打开 NXT 8547 附送的 LEGO Mindstorms NXT 软件，选择 Tools→Update NXT Firmware 菜单命令，如图 12-3 所示。按照提示将固件恢复到出厂状态。

在新打开的更新固件对话框中，可以看到当前可用的 LEGO 固件版本是 LEGO MINDSTORMS NXT Firmware V1.31。单击 Download 按钮，开始更新固件，如图 12-4 所示。

图 12-2 NXJ Flash 工具

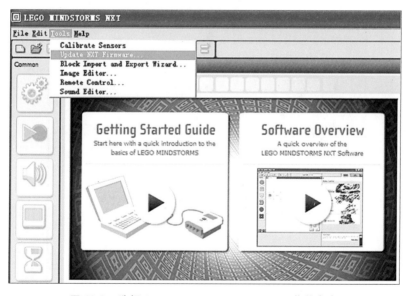

图 12-3 选择 Tools→Update NXT Firmware 菜单命令

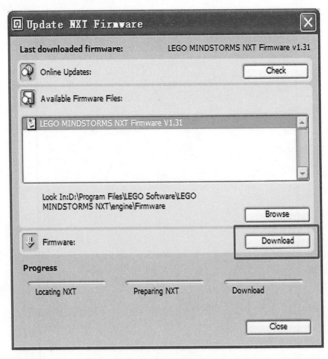

图 12-4　更新固件界面

更新过程需要 1～5min,等待进度条(Progress)全部变成绿色,更新完成,如图 12-5 所示。

图 12-5　更新成功

12.2 图像转换

leJOS 提供了一个图像转换工具。它位于"开始"→"所有程序"→leJOS NXJ→NXJ IMAGE Convert。它的功能是把位图文件转化为 Byte 数组形式。

在 NXT 屏幕上看到的图片都是位图。位图文件通过记录图片上每一个点的数据达到保存图形的目的。例如，一个 LEGO 机器人的标志，它在屏幕上的显示如图 12-6 所示。

在计算机中存储的数据都是二进制的形式。上面这个图形横向有 8 个像素点，纵向也有 8 个像素点。如果用 0 代表白色，1 代表黑色，将这些信息记录成数据后如图 12-7 所示。

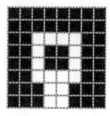

图 12-6 放大之后的 LEGO 机器人标志

```
11111111
11111111
11000011
11011011
11011011
11000011
11100111
11100111
```

图 12-7 二进制示意图

经过上面的转换后，就得到了一个 8 行 8 列的二维整型数组。为了方便存储，将矩阵中的每一列作为一个数据，转换为十六进制。例如，第一列 11111111 转换成十六进制是 0xff，第二列也是 0xff，第三列 11000011 转换成十六进制是 0xc3。8 列转换完之后，得到一个一维数组：[0xff,0xff,0x3c,0x1b,0x1b,0x3c,0xff,0xff]。这个数组就是位图文件。这是位图文件的转换原理，IMAGE Convert 工具就是用来完成这个转换过程的。

首先，在绘图工具中调整好图片大小，不要超过 100px×64px，如图 12-8 所示。

图 12-8 调整好位图文件的大小

然后打开 IMAGE Convert 工具,选择 Image→Import Image 菜单命令,导入准备好的图片,如图 12-9 所示。

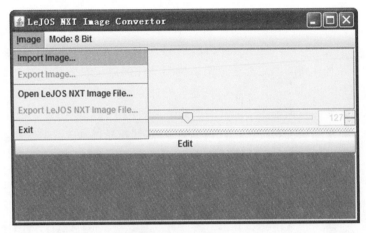

图 12-9　导入图片

图片导入后,上方区域显示预览效果,下方区域显示的就是图片的数据文件。选择 Mode→Byte[] Mode 菜单命令切换到 Byte 数组形式,如图 12-10 所示。这是 leJOS 默认的绘图方式。Threshold 滑动条可以调节图像转化时的阈值,取值范围在 0～255。将得到的数据文件结合 Graphics 类的 drawImage 方法,就可以在 NXT 的屏幕上显示图像了。

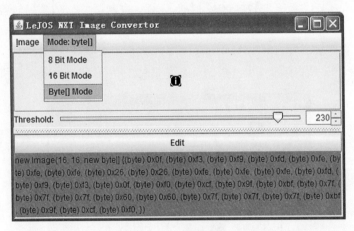

图 12-10　图像转换

12.3　数据处理

12.3.1　数据记录

leJOS 提供了一个 Datalogger 类用于记录日志信息。可以用它把程序运行时产生的数据记录下来,再通过 USB 或蓝牙的形式上传到 PC 上查看,做进一步分析。使用时需要先实例化一个 Datalogger 对象，然后调用 writeLog 方法记录数据。当数据全部记录完毕后，调用 transmit 方法上传数据。参考程序如下：

<DLTest. java>

```java
import lejos.util.Datalogger;

public class DLTest {
    public static void main(String[] args) {
        //日志对象
        Datalogger dl=new Datalogger();
        for (int i=0; i<100; i++) {
            float x=i+0.1f;
            //记录数据
            dl.writeLog(x);
        }
        //上传日志
        dl.transmit();
    }
}
```

12.3.2　数据查看

leJOS 提供了一个 PC 端的数据查看工具。打开"开始"→"所有程序"→LeJOS NXJ→ NXJ Data Viewer 项，如图 12-11 所示。

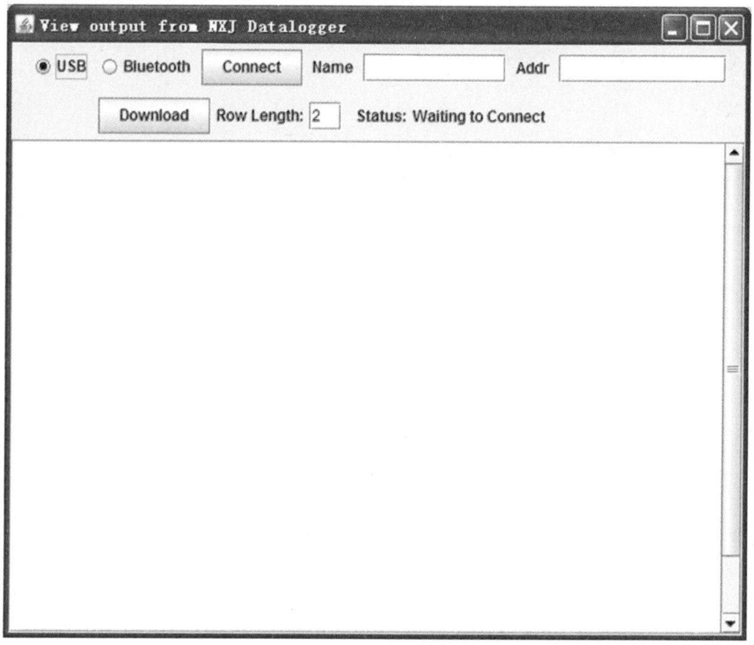

图 12-11　NXJ Data Viewer

运行刚才写好的测试程序。屏幕上会显示一个菜单，提示选择上传数据的方式，如图 12-12 所示。

```
Transmit using
 • USB
 • Bluetooth
```

图 12-12　屏幕显示信息

这里以 USB 方式为例，选择之后屏幕显示：wait for USB。在 NXJ Data Viewer 界面单击 Connect 按钮，然后单击 Download 按钮下载日志数据，运行结果如图 12-13 所示。

View output from NXJ Datalogger				
● USB ○ Bluetooth Connect Name NXT				Addr 001653158C45
Download Row Length: 5 Status: Read all data				
0.1	1.1	2.1	3.1	4.1
5.1	6.1	7.1	8.1	9.1
10.1	11.1	12.1	13.1	14.1
15.1	16.1	17.1	18.1	19.1
20.1	21.1	22.1	23.1	24.1
25.1	26.1	27.1	28.1	29.1
30.1	31.1	32.1	33.1	34.1
35.1	36.1	37.1	38.1	39.1
40.1	41.1	42.1	43.1	44.1
45.1	46.1	47.1	48.1	49.1
50.1	51.1	52.1	53.1	54.1
55.1	56.1	57.1	58.1	59.1
60.1	61.1	62.1	63.1	64.1
65.1	66.1	67.1	68.1	69.1
70.1	71.1	72.1	73.1	74.1
75.1	76.1	77.1	78.1	79.1
80.1	81.1	82.1	83.1	84.1
85.1	86.1	87.1	88.1	89.1
90.1	91.1	92.1	93.1	94.1
95.1	96.1	97.1	98.1	99.1

图 12-13　查看日志内容

12.4　文件管理

leJOS 提供了一个文件管理工具，用于在 PC 上管理 NXT 内的程序和文件。打开"开始"→"所有程序"→LeJOS NXJ→NXJ File Browser，选择连接方式后单击 Connect 按钮，如图 12-14 所示。

NXJ File Browser 的功能是查看、上传、下载和删除 NXT 主机上的文件，如图 12-15 所示。

在 NXJ File Browser 中可以直接运行 NXT 上的程序，也可以将选中的程序删除或设为默认程序。其他操作如下：

• Delete Files（删除文件）。

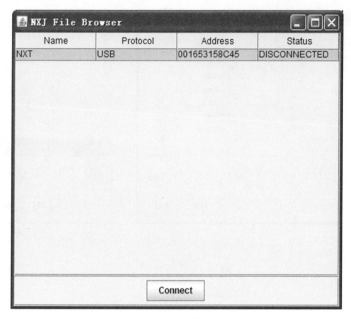

图 12-14 打开文件管理工具

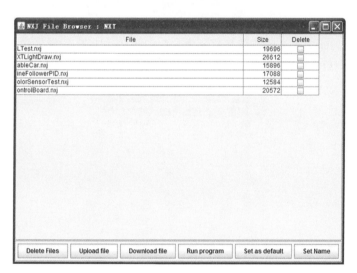

图 12-15 文件列表

- Upload file(上传文件)。
- Download file(下载文件)。
- Run program(运行程序)。
- Set as default(设为默认程序)。
- Set Name(更改名称)。

使用 Upload 功能可以上传本地的音乐文件（＊．wav）到 NXT 主机，如图 12-16 所示。

Set Name 功能可以更改 NXT 主机的名称，如图 12-17 所示。

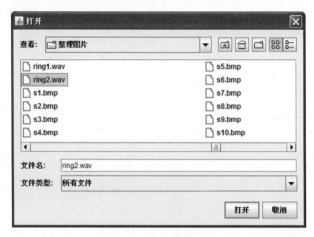

图 12-16　上传文件

图 12-17　更改名称

12.5　查看示例程序

leJOS 提供了许多用于演示的示例程序。通过对示例程序的学习,可以更好地掌握各种 API 的正确用法。这些示例程序默认的安装位置在"我的文档"→leJOS NXJ Samples 路径下。可以将这些文件导入到 Eclipse 中去,直接在编译器中查看。

在 Eclipse 中打开 File→Import 菜单命令,如图 12-18 所示。

图 12-18　选择 Import 命令

选择 leJOS sample and project templates 项,单击 Next 按钮继续,如图 12-19 所示。

图 12-19 导入例子和项目模板

选择示例文件所在的文件夹。注意，这和安装 leJOS 时的设置有关，如图 12-20 所示。

图 12-20 选择示例文件的路径

单击 Finish 按钮完成。现在可以在 Package 窗口看到新引入的示例文件,如图 12-21
所示。

- pcsamples(PC 端示例程序)。
- samples(NXT 端示例程序)。

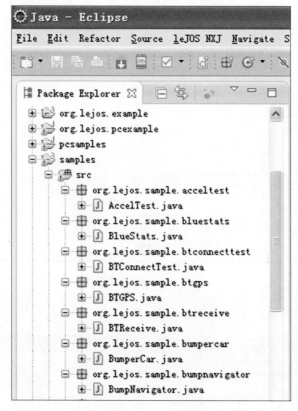

图 12-21　查看示例程序

12.6　设置环境变量

环境变量的正确设置是 Java JDK 正常工作的前提。Java 程序的编译分为字节码生
成、中间码生成、目标码生成等几个过程。在这些过程中需要调用不同的指令,而这些指
令的工作目录都保存在环境变量中。所以如果环境变量错误,指令就不能被找到,编译过
程就会出错(见图 12-22)。造成环境变量出错的原因有很多,比如计算机上安装了多个
版本的 JDK 等。手工设置环境变量的参数,可以纠正这一问题。

右击"我的电脑",在弹出的快捷菜单中选择"属性"命令,在弹出的对话框中选择"高
级"选项卡,单击"环境变量"按钮,打开设置界面,如图 12-23 和图 12-24 所示。

在系统变量一栏修改环境变量。要修改的地方有 4 处。

图 12-22 环境变量出错

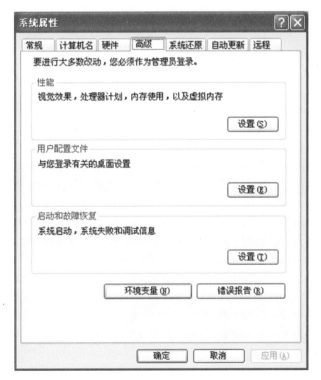

图 12-23 单击"高级"选项卡中的"环境变量"按钮

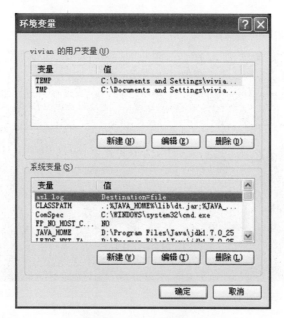

图 12-24　设置环境变量

1. NXJ_HOME

leJOS 的主目录，值应该是你的 leJOS 安装路径，如图 12-25 所示（双击变量名进入编辑界面，如果没有就新建一个）。

图 12-25　设置 NXJ HOME 变量

2. LEJOS_NXT_JAVA_HOME

leJOS 调用 JDK 的主目录，值应该是 Java JDK 的安装路径，如 D:\ProgramFiles\Java\jdk1.7.0_25。注意，版本一定要选择正确。笔者的机器上有多个 Java JDK，这里选择的是 jdk1.7.0_25。

3. JAVA_HOME

Java JDK 运行的主目录，和 LEJOS_NXT_JAVA_HOME 的值必须一致。

4. PATH

系统路径。PATH 里面有多个项目，每项之间用分号相隔，最后一项没有分号。里面必须包括下面 3 个值。

①%JAVA_HOME%\bin；②%JAVA_HOME%\jre\bin；③D:\Program Files\

leJOS NXJ\bin。

设置完毕后保存。打开"开始"→"运行",输入 cmd,按 Enter 键打开命令行窗口。输入 nxj 指令,出现图 12-26 所示界面表示环境变量设置成功。

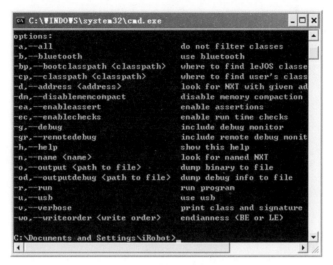

图 12-26 环境变量设置成功

12.7 小 结

至此,本书的正文部分已经全部结束。leJOS 提供的图形化工具并不仅限于本章提到的几项,其余工具在使用上都大同小异,读者可以自行学习。利用好这些工具,可以让程序开发变得更加快捷。

通过对本书的学习,读者应该对 Java 编程有了初步的了解。如果在学习中遇到什么困难,不要气馁,只要不断练习,多思考,多动手,程序的编写水平就一定会显著提高。笔者从事软件开发工作多年,每年也会有新的认识和提高,这都得益于在实践过程中的经验总结。

使用好 leJOS 这门强大的语言,可以让你的乐高机器人充满智慧。此外,还可以以此为基础,进一步深入学习 Java 编程。现代社会的发展离不开信息技术,而信息技术的重要一环就是编程语言。现今主流的开发语言有 Java、C、C++、PHP、C♯ 和 Python 等,其中 Java 语言的受欢迎程度常常名列榜首。无论哪一门语言,只要熟练掌握,相信都会为你的生活带来更多的精彩。

最后,感谢读者朋友的大力支持,祝愿读者朋友能够早日实现自己的机器人梦想!

参 考 文 献

［1］郑剑春.机器人结构与程序设计［M］.北京：清华大学出版社,2010.

［2］乐高公司官方网站. http://www. lego. com/zh-cn/.

［3］leJOS 官方网站. http://www. lejos. org.

［4］Oracle 公司官方网站. http://www. oracle. com/index. html.

［5］Eclipse 官方网站. http://www. eclipse. org/.

［6］Android 开发者网站. http://developer. android. com/index. html.